JN441264

LATIFF

미래전쟁의 본질과 과제

LATIFF

미래전쟁의 본질과 과제

FUTURE WAR

PREPARING FOR THE NEW GLOBAL BATTLEFIELD

ROBERT H. LATIFF 지음

신내호 · 이호찬 옮김

교문사

목차

그림 목차

서론

서론

더위에 지친 8월의 어느 날에, 우크라이나와 시리아에서의 러시아의 활동 때문에 긴장감이 높아지고, 남중국해에서의 활동 등으로 인한 미국과 중국의 설전이 있었던 몇 주 후, 근로자들이 시원한 맨해튼 사무실을 떠나 정체된 고속도로와 지하철로 향하고 있을 무렵, 동쪽 해안을 따라 줄지어 있는 여러 거대 발전소의 커다란 터빈 모터들에 심각한 과부하가 걸렸다. 자동 제어 및 자료 시스템은 악성 컴퓨터 바이러스에 감염되어 발전소 운영자들은 증기 터빈을 정지시킬 수 없었고, 터빈들은 처참하게 찢겨서 북동부 지역 대부분의 주거 및 산업시설로 공급되는 전력이 끊겼다. 건물 시스템은 차단되었고, 병원은 응급 발전기로 전환되었으며, 기차와 교통 신호등은 작동을 멈추고, 월가의 금융거래는 정지되었다. 그와 동시에 1,100마일 남쪽에서는 연료를 가득 채운 거대한 로켓이 국가안보에 중요한 인공위성 발사를 준비 중이었다. 이때 거듭되는 경고를 무시한 채 날아온 민간항공기는 폭발물을 가득 실은 채 케이프 카나베랄의 발사대에 충돌하였고, 가압 연료 탱크와 로켓 엔진이 충돌하여 거대한 화염을 일으켰다. 지구 반대편에서는 첨단 장비로 무장한 국적 불명의 정예 특공대원들이 분쟁지역 근처에 있는 미국과 동맹국들의 자산을 공격했다. 그리하여 새로운 전쟁의 방아쇠가 당겨졌다.

이 가상의 사건들은 앞으로의 전쟁은 새로운 무기로 새롭고 익숙하지 않은 적들과 싸워야 하는, 근본적으로 다른 형태의 분쟁이라는 것을 의미한다. 대부분의 사람이 떠올리는 전쟁은, 군인이 다른 군인, 전차, 야포 등 유형의 무기들을 이용해 싸우는 형태이다. 그러나 금세기의 전쟁은 전쟁인지도 알아보기 힘든 새로운 형태로 변화하고 질적, 양적으로도 과거와는 다를 것이다. 미래의 전쟁에서는 혁신적이고 색다른 형태의 무기들이 등장하게 될 텐데 전문적 기술이 거의 없는 사람들도 이 민군겸용 기술을 기반으로 무기를 쉽게 다루거나 소지하게 될 것이다. 소위 기술의 민주화로 인해 선진국들은 전쟁 수단의 독점적 지위를 점점 잃어갈 것이다.

21세기의 무력분쟁은 전통적인 관점의 전장이 없는 경우도 있을 것이다. 전통적인 전쟁에서는 갈등을 빚는 두 군대가 결렬하게 충돌 후 국제적 협약에 따라 결국 갈등이 조정되기도 한다. 그러나 이제 이런 개념은 과거의 일처럼 보인다. 1999년에 중국군 대령인 치아오 리앙과 왕 시앙수이는 앞으로 군인들은 점차 컴퓨터 해커, 금융업자, 마약 밀수업자, 기업 대리인 등의 민간인들로 대체될 것이고 그들이 사용하는 무기는 항공기, 대포, 독가스, 폭탄, 생화학 무기뿐만 아니라 컴퓨터 바이러스, 웹 브라우저, 금융 파생상품 등이 될 것이라고 예언했는데, 지금에 와서 돌이켜 보면 그들의 예언이 비교적 옳았다는 것을 알 수 있다.[1]

1 1999년, 중국군 대령: 치아오 리앙(Qiao Liang)과 왕 시앙수이(Wang Xiangsui),

과거 전쟁은 2차 세계대전처럼 광기의 독재자들로부터 선량한 시민을 구제하거나 베트남전과 한국전처럼 이데올로기의 충돌과 패권의 확산을 제한하려는 시도가 그 목적이었으며, 대규모 군사력과 엄청난 폭력이 동반된 전쟁이었다. 하지만 오늘날의 전쟁은 문화적, 종교적 증오에 기인한 폭력으로서 사람들의 사상과 생각을 바꾸고 강요하기 위한 수단으로 더욱 빈번하게 사용된다. 그렇다면 앞으로의 미래 전쟁은 여전히 정치적 주도권 장악을 목적으로 벌어지지만, 지금과는 다른 형태의 전쟁이 될 것이다. 즉, 정보력 우위에 크게 의존하면서 생소한 신무기들을 이용하여 무고한 개인이나 집단을 표적으로 한, 조용하고 교활하게 싸우게 되는 전혀 다른 형태의 전쟁일 것이다.

비록 우리의 군대가 잘 훈련되고 사기가 높으며, 좋은 무기로 무장된 군대라 하더라도, 이런 새로운 형태의 분쟁과 전쟁이 보여줄 어수선하고 불확실한 상황에 대해 국가 차원에서 대응하기에는 아직 충분한 준비가 되지 않았다. 일례로 사이버 공간에서의 전쟁이 어떻게 구성되는지, 어떤 공격에 대하여 어떻게 대응해야 하는지에 대해 분명한 아이디어를 제공해 줄 수 있는 사람은 많지 않을 것이다. 군에 모든 것을 맡기는 것만으로는 충분하지 않다. 그러나 국민과 의사결정권자 중 그 누구도 앞으로 일어날 분쟁 형태의 변화와 그들이 가지고 싸우게 될 새로운 전쟁

Unrestricted Warfare(Beijing: PLA Literature and Arts Publishing House, 1999), 121–131. 저자들은 또한 기술에 의한 군대의 중독에 관하여 많은 말을 했다.

도구들의 중요성을 전혀 이해하지 못하고 있다.

물론 의사결정권자들이 군인들을 전통적인 지상 전투('boots on the ground' combat) 상황으로 보낼 필요가 있다고 생각하는 상황이 있을 것이다. 그렇기에 군은 여전히 강력한 항공기와 군수품, 항공 수송 타격대를 갖추려고 할 것이다. 만약 전쟁이 외국 지역에서 벌어지면 첨단기술로 무장한 적들과 치르게 될 것이다. 그러나 갈수록 개인화되어 가고 있는 전쟁은 미국 본토와 근접한 곳에서 자주 벌어질 것이고, 이는 미국의 전통적인 전쟁 방식인 대규모 화력 과시를 통한 제압에 적합하지 않을 것이다. 앞으로의 전쟁은 우리가 신문에서만 읽은 먼 곳에서의 분쟁이나, 영화나 인터넷에서 본 것과는 다른 형태로 국민들에게 직접적인 영향을 끼칠 것이다.

2015년 샌 버나디노와 2016년 올랜도에서의 테러 사건처럼 앞으로도 미국인들은 종종 자국의 테러리스트들이 미국 본토에서 저지르는 범죄의 표적이 될 것이다. 이런 형태의 전쟁은 매우 어지럽고 복잡하게 얽혀 있기 때문에, 전쟁에 대한 정보를 빠르게도, 명쾌하게도 얻지 못할 것이다. 심지어 얼마 동안은 누가 폭력을 사용했는지도 분명하게 알기 어려울 것이다. '그것이 특정 국가의 지원으로 발생했는가? 아니면 무작위 테러인가? 우리는 본토에 대한 테러리스트들의 공격에 보복하기 위해 외국에서 막대한 파괴를 일으킬 것인가? 만일 그렇다면, 그 끝은 어디이고, 그리고 원하는 결론은 무엇인가? 우리 군인들이 전사하거나 포로로 잡히거나, 불필요한 민간인들의 희생이 생기거나, 더 큰 폭력의 선동 등이 우리가 원하는 결론인가? 밝혀진 첫 번째 표적에 대해서 아무 생각없이 무조건 반사로 보복을 가하는가? 아니면 정밀한 군사적 판단을 먼저 내려야 하는가?' 이런 의문에 대해서 올바른 답을 내리는지 여부는, 리더들이 경솔하게 행동하는 대신 얼마나 논리적으로 생각할 수 있는 의지와 지적 역량을 갖추었는가에 달려있다. 리비아에서의 사례와 같이 우리의 정치 지도자들은 미래에 닥칠 결과에 대한 충분한 분석 없이 군을 분쟁으로 내몰았다.

기술과 전쟁은 오늘날 모두에게 매우 중요한 논의 주제이다. 미국은 최근에 개입한 분쟁에서 인터넷, 소셜미디어, 그리고 전 세계로 연결된 초고속의 통신망과 같은 새로운 기술을 활용했다. 이집트에서 발생한 이른바 '아랍의 봄' 시위운동이 발생했을 때 소셜미디어를 통한 의사소통과 전파가 활발히 이루어진 것을 우리는 기억하고 있다. 좀 더 최근에는 러시아가 크리미아의 합병과 우크라이나 반군을 지원하기 위해 컴퓨터 공격과 소셜미디어를 이용하였다. 우리 일상생활의 많은 부분은 이런 종류의 기술에 의해 좌우된다. 따져 보면 지난 150년간 폭발적인 기술 혁신과 발전이 있었고, 전부는 아니지만 많은 기술이 인간의 삶을 풍족하게 했다. 하지만 동시에 우리는 가공할 만한 파괴적인 전쟁과 전 세계적으로 끝이 없을 것 같은 무기와 폭력의 확산을 목격했다. 이 엄청난 기술적인 진보와 전쟁파괴력의 증가는 현재에 와서는 이전보다 훨씬 더 상호 의존적이다.

기술과 전쟁은 훨씬 더 복잡해졌고, 이것을 이해하는 것은 더욱 힘들어졌다. 미래 전쟁은 복잡성과 모호성으로 가득할 것이다. 우리가 아직 완전히 이해하지 못하고 있는 인공지능과 합성생물학과 같은 새로운 기술도 앞으로 무기체계에 적용될 것이다. 이 두 분야에서 기술진보 효과는, 앞으로의 무기체계는 예측도, 통제도 쉽지 않다는 것을 의미한다. 레이저와 라디오파 기술을 활용한 무기는 그 효과가 즉각적으로 나타나지만 그들이 가져올 피해가 어떨 것인지는 아직 구체적으로 밝혀지지 않았다. 이런 신기술들이 전투 방법을 근본적으로 변화시키고 있다.

전쟁은 살상 대상이 군대와 군대 사이에서 개인으로 바뀌고, 전장에서 대규모 병력을 통제하는 것에서 컴퓨터와 네트워크를 통제하는 것으로 바뀔 것이다. 또한, 대규모 화학 폭발물 사용보다 치명적인 세균의 사용이 더 빈번할 수도 있다.

전쟁에서의 신기술은 군대의 또 다른 엄청난 자산이다. 군인들이 직면하게 될 위험을 감소시키고, 적보다 우위적 상황에 놓일 수 있게 한다. 그러나 이 기술의 사용은 또 다른 윤리적 문제를 불러온다. 이 무기들의 사용에 대한 강한 합리적 정당성과 그럴만한 가치가 존재하고, 어떤 것은 분명하고 어떤 것은 다소 불분명한 단점을 가지겠지만, 그것이 군인의 행동에 어떤 윤리적 영향을 미칠 것인지에 대한 우려가 제기된다. 민간 영역이든 군사 영역이든 신기술의 개발은 그것의 사용과 효과, 그리고 그에 따라 동반되는 위험에 대한 불확정성을 항상 가지고 있다. 제대로 된 검증과 확인 절차가 없는 첨단 무기들의 개발, 적용, 확산은 환경적인 파괴와 군인 자신에 대한 위험, 그리고 더 위협적인 적의 대응을 유발하는 것을 포함하여 우리가 의도하지 않은 결말을 가지고 올 수 있다. 물론 우리는 원하지 않았던 이 결과를 미리 알 수 없다. 기술과 무기 사이에는 오래된 공생의 역사가 있다. 오늘날 세계적으로 확산된 무기와 그 무기를 통제하는 사람은 이제껏 우리가 직면했던 어떤 것보다 더 위험한 존재가 되었다. 고삐가 풀리면 통제가 불가능할 수도 있기 때문이다. 냉전 시대 초강대국들은 예측할 수 있고 합리적인 방법으로 행동했지만, 최근 이슬람 국가(IS)와 북한 같은 적대국들은 어떤 면에서 예측 불가능하고 과도하게 공격적이며 비이성적인 행동을 한다. 핵무기나 생물학 무기와 같은 선진 무기체계를 가지지 못한 이 잠재적인 적들은 더욱더 이를 가지기 위해 노력할 것이다. 우리가 새로운 적들을 상대하고 있는 사이에 선진 기술력을 갖춘 우리의 오래된 숙적들은 현대와 미래 기술에서 우위를 차지하기 위한 군비 경쟁에 열을 올리고 있다.

우리가 매우 높게 평가하고 전력을 기울이고 있는 기술적 우월성은 전쟁에서의 승리를 위한 매우 중요한 요소이기도 하지만, 한편으로 위험한 오만을 키울 수 있다. 기술적 우월성이 낳은 무기체계는 우리를 유혹하고, 중독시키고, 자만에 빠지게 한다. 우리는 새로운 기술이 제공하게 될 우위를 과대평가하기도 한다. 만일 신무기 도입 시 야기될 수 있는 모든 문제에 의문을 제기하지 않는다면, 그래서 그 무기들이 초래할 장기적인 효과에 대해 고려하지 못한다면, 우리는 원치 않는 결말을 맞이할 수 있다는 위험성을 안고 있다. 이 기술적 우위가 승리를 가져올 것이라 믿으며 또 다른 전쟁으로 자신을 밀어 넣기 전에, 복잡하고 새로운 무기들, 군대, 그리고 적에 대해 사전에 충분히 이해할 필요가 있다.

새로운 형태의 분쟁과 기술의 빠른 성장에 대한 이해와 대응은 군인과 국민 모두에게 도전적인 과제일 것이다. 전쟁터에 가야 하는 이유와 전장에서의 행동은 문명국가의 국민에게 중요하다. 군인들과 그들이 지키는 국민은, 그들의 수 세기에 걸친 문명화된 행동이 헛수고가 되지 않도록 무력분쟁에 관한 법과 그 법을 기반으로 만들어진 국제 인권법에 대해 세심한 관심을 가져야 한다. 새로운 전쟁 방법과 수단을 적용할 때 우리는 분명히 곤경에 처하게 될 것이다. 인간의 통제와 간섭 없이 스스로 기능을 수행하는 자율 무기체계와 같은 신기술은 인간성을 조금씩 훼손하기 때문에 무기 적용에 좀 더 세심한 고려가 있어야 한다.

군사 지도자들, 학자들, 의회 의원들, 그리고 일반 국민은 신기술과 그 기술이 만드는 새로운 종류의 무기가 가져올 불확실성에 대해 어떻게 대응해야 하는가? 신무기 기술들과 새로운 분쟁의 형태가 전쟁과 평화의 윤리에 대한 전통적인 사고의 틀을 더는 쓸모없게 만들었는가? 지도자들은 의사결정을 위한 여러 변수와 적절한 기준을 충분히 이해할 수 있는가? 물론 이런 질문들은 다루기 매우 힘들겠지만, 국제적인 규범과 윤리에 대한 신념은 군대의 핵심가치와 현대적인 전쟁윤리 개념들의 기초를 형성한다. 비록 기술 변화가 숨 막히게 빠르게 진행되고 우리 적들은 여전히 이루 말할 수 없이 잔인한 만행을 저질러도, 국제적으로 공통으로 통용되는 규칙과 행동규약은 여전히 중요한 의미로 남아 있다.

비록 소수의 사람이 지저분한 전쟁을 수행하더라도 이제 일반 국민도 더는 방관자로 있을 수 없다. 그러나 안타깝게도 전쟁과 기술에 대해서 정확히 이해하고 있는 미국인은 거의 없고, 그나마도 전투의 윤리에 대해서 경각심이나 관심이 매우 적다. 미군은 서서히 미국 국민에게서 멀어지고 있다. 국민과 정치 지도자들은 군에 관한 관심과 애정을 줄여나가고 있다. 그들은 군을 지지하지만, 군과 군대의 임무에 대해서는 아는 것이 별로 없다. 이러한 의도적인 무관심은 단지 걱정스러울 뿐만 아니라 위험하기까지 하다. 분명하고 명확한 국민의 간섭이 없는 상태에서, 군은 그들이 가장 적절하다고 생각하는 방식으로 사건들에 대응할 것이기 때문에, 한 국가가 국가의 가장 중요한 결정 권한을 이런 고도의 동질성을 가진 소규모 집단에 양도한다는 것은 매우 터무니없는 것이다. 이런 이유 하나만으로도 미국 국민은 전쟁의 여러 쟁점에 대한 무관심, 즉 위험한 안주를 반드시 끝내야 한다. 일반적으로 군대와 사회 사이에는 커다랗고 매울 수 없는 큰 틈이 있는데, 그것은 군대에 대한 국민의 왜곡된 시각 때문이다. 이는 전쟁과 군 생활이 낭만적이고 재미있을 것이라는 생각과 기술에 대한 너무 큰 기대가 가져온 결과인데 이런 틈은 반드시 없어져야 한다.

미국의 지도자들 대부분이 기술과 군 문제에 대해 피상적인 지식만으로 특별한 제한 없이 우리 군대를 지속해서 운용하고 있다. 미래에는 미국 국민과 지도자들이 군대가 어떤 무기를 가지고 언제 어떻게 활동할지에 관한 결정에 세세한 부분까지, 보다 적극적으로 개입해야 한다. 만일 그들이 좀 더 주의를 기울이지 않는다면 미국은 다시금 자기기만이라는 위험에 빠지게 되고, 무력 사용에 대한 값비싼 대가를 치러야 할 위기에 처할 것이다. 우리는 모두 신기술을 활용한 미래의 분쟁에 영향을 받을 것이다. 모든 국민은 왜 젊은 사람들의 목숨을 위험에 빠뜨리게 하는지, 미래의 적들과 어떤 무기로 싸워야 하는지, 그리고 우리의 군인들이 전장에서 어떻게 행동해야 하는지에 대해 관심을 가져야 한다. 내가 이 책을 쓰게 된 여러 이유 중 하나는 국가 지도자들과 국민이, 육군, 해군, 공군, 그리고 해병대가 전투에 참여하기 전에 좀 더 적극적으로 개입해서 보다 많은 정보를 통해 신중한 분석을 하도록 독려하기 위해서다.

만일 누군가가 50년 전에 나에게 전투와 무기 기술의 윤리와 우리 군대의 행동에 관해 물었다면, 나의 대답은 보수적인 남부 켄터키 고향의 그 누구와도 크게 다를 바가 없었을 것이다. "맞거나 틀리거나, 나의 조국", "미국, 사랑하든가 떠나든가".[2] 나는 참전 용사 집안에서 태어나 스푸트니크[3] 세대를 거쳐왔다. 당시 미

2 역자 주: 원문 표현은 'Our country, right or wrong', 내 조국이 옳든 그르든 항상 조국 옆에 있겠다는 뜻으로, 미국인들이 애국주의를 표현할 때 사용하는 표현임. "America, love it or leave it" 또한 다소 과격한 애국주의를 나타내는 표현임.

3 역자 주: 1957년 러시아가 발사한 세계 최초의 인공위성으로서, 이후 구 냉전 시

육군 ROTC 장학금이 없었다면 나는 대학교에서 자퇴해야 했을 것이다. 나는 대학에서 물리학 학사 학위를 받았고, 정의감과 윤리 감수성을 지닌, 질문 많고 건전한 비판을 좋아하는 대학생이었다.

나는 공학박사 학위를 받은 후에 베트남전으로 지쳐있는 미 육군에 입대하여 풀다 갭(Fulda Gap)을 방어하는 독일 파병 보병부대에 근무했는데, 그곳은 소련군이 서유럽으로 밀고 들어올 계획이 있는 곳으로 알려진 곳이었다. 그 후 나는 미국의 재래식 군사력으로 소련군을 저지하는 데 실패할 경우 사용될 전술 핵탄두를 보유한 부대를 지휘했다. 나는 거기서, 우리가 하는 일에 대해 상당한 의문을 가지기 시작했다. 뒤돌아보면, 국경 바로 옆이나 그 위로 의도적으로 비행하는 등 양측이 저지른 도발 상황에도 불구하고 무력 충돌이 한 번도 일어나지 않은 것이 놀랍기만 하다. 훌륭한 군인이 되기 위해 나는 어떤 명령이라도 수행했을 것이 분명하지만, 그 당시 이해하지 못할 행동들은 나를 혼란스럽게 했다.

미 공군으로 전환한 뒤에 나는 곧바로 박사 학위를 써먹을 수 있게 되었는데, 신세대 스텔스 항공기 개발을 목적으로 하는 신물질 연구에 뛰어들었다. 마지막에는 레이건 대통령의 전략 방어 주도권 프로그램('Star Wars')을 연구하기 위해 펜타곤에서 일했다. 이 프로그램에는 우리가 알고 있는 것보다 훨씬 더 많은 예산

대 미국과 소련의 우주개발 경쟁이 시작되었음.

이 투입되어 핵발전 우주기지 레이저처럼 여러 종류의 흥미롭고 무시무시한 프로그램들을 연구했다. 이론적으로 우주에서의 핵발전은 적의 탄도미사일을 격추할 수 있는 레이저 여러 대에 에너지를 공급할 수 있다. 비록 얼마 지나지 않아서 그것이 실제로 작동되지 않는다는 것을 알게 되었지만, 그 프로그램은 모두에게 흥미로운 경험과 넓은 시야를 제공해 주었다. 이 실패한 프로그램은 오히려 이를 알게 된 소련을 매우 불안에 떨게 했고, 이는 미국으로서는 성공적이었다.

미국이 걸프전을 치르고, 베를린 장벽이 무너진 시기에 나는 하버드의 케네디 공공정책 대학원에 입학하여 역사, 전략, 국제경제학을 공부했다. 나의 냉소주의는 커져만 갔고, 개인적 성향, 정치, 그리고 돈이 전쟁이라는 아주 엄청난 사업에 아주 큰 영향을 준다는 것을 더 분명하게 이해하기 시작했다.

큰 규모의 정보, 감시 및 정찰 프로그램들과 지상 관측 망원경과 레이더, 항공기 레이더 등을 지휘하는 일련의 임무를 완수한 뒤에 나는 준장으로 진급하여 냉전 시대의 상징적인 시설 중 하나인 콜로라도의 샤이엔(Cheyenne)산에 위치한 지하 사령부를 지휘하게 되었다. 거기서 우리는 말 그대로 세계와 우주를 감시하고 특이사항들을 국가 통제지휘부에 보고했다. 또한 핵공격에 대비한 훈련을 매일 했는데 나는 명령 체계에서 아주 아래쪽에 속해 있었지만, 핵전쟁이 발생한 특정 상황에서 직접 대통령에게 대응방안을 추천하는 권한이 있었는데, 이는 곤란하고 어려운 임무였다. 나는 2001년 9월 11일 사태가 있기 얼마 전에 그곳을 떠

났다. 비슷한 시기에 전역한 한 공군 대령은 내 친구이자 옆집 이웃이었는데, 세계 무역센터와 충돌한 비행기에 탄 상태에서 유명을 달리했다. 당시 한 공군센터의 부 지휘관으로서 나는 전역 중지 명령을 내려 조종사들이 전역 날짜를 넘겨서도 현역에 계속 남아있도록 했고, 조종사들을 아프가니스탄으로 파병시켰다.

나의 마지막 근무지는 국가의 첩보 인공위성이 설계 및 제작, 운용되는 국가정찰국(NRO; National Reconnaissance Office)이었다. 그곳에서 적들을 감시하고 감청하기 위한 모든 종류의 첨단 감시기술의 개발을 이끌었고, 국방부뿐만 아니라 미 중앙정보국(CIA), 미 국가안보국(NSA), 그리고 다른 정보기관들에 소속된 유사 연구소들과 함께 공동 프로젝트를 수행했다. 모두가 9·11테러범들, 그리고 그들과 유사한 이들을 추적하고 소탕하는 임무를 수행했다. 그러나 나는 새로운 감시 방법을 찾기 위한 미국의 행동이 정도를 넘어서 너무 공격적이라고 느꼈다. 우리는 자주 개인의 사생활과 시민들의 자유에 대한 침해 우려를 무시하고 기술 사용의 윤리 기준을 뛰어넘어, 각 개인을 추적하는 새로운 기술들을 찾고 있었다. 역설적이지만 우리의 적이 우리를 추적하는 데는 사용하지 않았으면 하는 기술들을 찾고 있었다. 국가정찰국(NRO)에 있는 동안에 나는 고위급 장교이자 거기에 있는 많은 공군 인력들을 지휘하는 사령관이었는데, 반복적으로 인력을 이라크를 포함한 중동 지역에 배치했다.

2006년에 전역한 이후에는 군과 정보기관에 다양한 기술 조언을 해주고 있다. 미국에 의한 고문과 납치 행위가 폭로되면서

야기된 반란으로 인해 통제를 상실했던 이라크전을, 나는 경악스러움을 가지고 파고들었다. 영장 없는 도청과 정부 감시 권력의 남용에 관한 보고가 민망스러웠고 미국의 동맹국들에 대한 오만한 태도에 당황스러웠다. 공군을 떠난 후에는 전쟁의 새로운 형태와 수단에 대한 윤리에 대해서 글을 쓰고, 대중 강연을 하며, 대학과 정보기관에서 가르치기 시작했다. 이 책은 이런 과정의 산물이다.

오바마 대통령의 노벨 평화상 수상 연설에서 그는 정의로운 전쟁론(Just War Theory)의 중요성과 최후의 수단, 비례/차별의 원칙을 강조했다. 국방차관, 합참차장, 그리고 많은 지휘관들 또한 미래 전쟁에서의 윤리의 중요성을 공개적으로 토론했다. 고위급 지도자들이 이런 개념을 수용하고 공개적으로 우리 군인들에게 그것을 이야기한다는 것은 매우 중요하다. 그러나 더 중요한 것은 지휘관들이 그것들을 부하에게 어떻게 훈련시키는지를 알고 있는가 하는 것이다.

여기서 나의 목적은 신기술이 어떻게 변화해 왔고, 앞으로 전쟁을 어떻게 변화시킬 것인지를 탐구해 보는 것이다. 또한, 기술과 전쟁의 극적인 발전과 속도를 강조하고, 이것이 군인, 의사결정권자 그리고 일반 국민에게 어떤 도전과제를 던질 것인가를 얘기하고자 한다.

몇몇 사람들은 공포, 종말론적인 시나리오, 그리고 반이상향적인 미래의 측면에서 이야기한다. 또 다른 이들은 기술의 끊임없는 진보를 자연의 질서라고 보고 인류의 장밋빛 미래를 그린다. 그러나 나는 진실은 그 둘 사이 어딘가에 있을 거라고 믿고 있다. 누가 옳은지와는 상관없이, 미래 전장으로 향하는 우리의 길 앞에 중대한 변화가 닥쳐오고 있음에도 불구하고 우리의 조국은 이에 대한 대비가 한심할 정도로 되어있지 않다. 말하기 두렵지만, 미래의 전조가 무엇인지 이해하고 이에 관심이 있는 사람은 거의 없다.

다행히 신기술과 새로운 형태의 전쟁이, 알려지지 않는 위험을 불러일으키리라는 것을 인식하기 시작한 학자들과 정부 관료들의 숫자가 서서히 늘어나면서 이 변화에 어떻게 대처해야 하는지를 묻기 시작했다. 나는 이 책이 우리가 다양한 형태의 미래를 준비하는 동안에 군 전략가, 무기 기술자, 의사결정권자, 그리고 일반 국민이 해답을 찾는 데 도움을 주고, 그들의 주의를 촉구하는 데 이바지하기를 희망한다. 새롭고도 깜짝 놀랄 정도로 복잡한 전쟁과 기술, 그리고 21세기 전쟁에서 우리가 당면하게 될 피할 수 없는 치명적인 딜레마는, 바로 앞에 닥친 미래의 문제들을 해결하기에 너무 늦지 않도록 우리에게 좀 더 주의를 기울일 것을 요구하고 있다.

1장

전쟁의 새로운 얼굴

1장

전쟁의 새로운 얼굴

북동부 발전소 공격으로 인한 심각한 피해를 복구하며 서서히 적응하고 있던 때에, 인공위성 정보 능력, 해외 동맹국들, 그리고 여러 핵심 국방 시스템을 강타한 생각하지도 못했던 사이버 공격으로 핵 지휘 및 통제 체계가 불통이 된다. 영상 및 신호 첩보 위성들과 항공기들은 레이저와 고출력 라디오파의 반복적인 공격을 받아 민감한 전자기기들이 성능이 저하되거나 파괴된다. 잠재적 적국의 국경 근처에서 작전 중인 육, 해, 공군은 벌떼처럼 기동하는 자율주행 무인비행기, 함정, 차들에 의한 강력한 전자전 공격을 받게 된다. 우리의 눈, 귀, 그리고 통신할 수 있는 모든 수단이 복합적으로 손실되어 산만해진 틈을 타 세를 확장하고 불안을 조성하려는 목적으로 미국의 대도시로 침투하는 비밀공작원들을 의식하지 못하게 된다.

미국인들이 자신들의 군대가 고도로 훈련되고 값비싼 첨단 무기체계를 가진 무적의 위치에 도달했다고 생각한 그 시점에, 그 신화적 믿음을 단 한 번의 사건으로 파괴한 광신도 무리가 등장했다. 2001년 9월 11일에 나는 공군 무기체계 개발센터 중 한 곳의 부지휘관이었다. 보스턴 근처의 핸스컴 공군 기지(Hanscom Air Force Base) 내의 회의실에 앉아서 어느 국립연구소에서 온 과학자들과 첨단 대공 방어체계를 파괴할 수 있는 최첨단 네트워크 중심 기법에 관한 공동 연구를 주제로 토의하고 있었다. 우리는 첫 번째 세계무역센터 건물이 불타는 것을 지켜보았고, 두 번째 항공기가 충돌하는 것을 보았다(그림 1). 공격은 단순했지만, 우리는 모두 그 파급효과가 엄청날 것이라고, 곧 많은 것이 바뀌게 될

그림 1. 2001년 9 · 11테러 직후 세계 신문들의 머리기사
출처: Walter Cicchetti / Shutterstock.com

것이라고 생각했다. 그리고 정말 많은 것들이 바뀌었다.

탄자니아와 케냐의 미국 대사관들과 미국의 알레이 버크급 이지스함인 *USS Cole*에 대한 이전의 공격과 마찬가지로, 이 대담한 공격은 앞으로 다가올 전쟁은 다르리라는 것을 분명하게 보여줬다. 이런 문제 단체들을 후원하는 국가들뿐만 아니라 개인이나 단체, 그리고 실패한 국가(failed state)[1]들이 전 세계에 걸쳐 미국과 그 동맹국의 자산과 시민들을 위협하고 있다.

지난 세월 동안에 전쟁에 관한 많은 연구와 발전이 있었고, 수많은 신기술을 선보였다. 9·11 이후 국방예산은 레이건 행정부 시대의 국방비 지출을 초과하여 역사적으로 최대폭으로 증가했다.[2] 같은 기간에 스마트폰, 페이스북과 트위터, 그리고 인간 유전자 해독의 등장과 같이 컴퓨터, 소셜미디어, 그리고 생물학 분야에 놀랄만한 발전이 있었다.

최근에 개발된 많은 기술이 민군겸용인데, 이는 민간 사회에서도 매우 중요한 위치를 차지한다. 이 기술들은 값이 싸서 적들도 쉽게 쓸 수 있다. 많은 수의 폭탄, 총알, 미사일, 장갑 차량, 비행기, 그리고 함정의 생산이 증가 되었는데, 그중 신기술 기반 무

---

1 역자 주: 국제정치학계에서, 국가가 자국 영토를 제대로 장악하지 못하고 막대한 국제적 지원을 필요로 하는 국가들을 일컬음. 특히 국제 안보적 관점에서 학자들은 실패국가가 테러단체의 '요람'이 될 수 있음.

2 Daniel Wirls, "Gridlock in Washington? Not When It Comes to Military Spending," *San Francisco Chronicle*, March 18, 2015. 이 글이 주목한 것은 6천120억 달러는 미국이 2002년에 사용한 금액보다 27% 더 많으며 냉전 시대 경비의 최대치와 같다는 것이다.

기체계의 중요성이 더욱 증가되었다. 이 첨단 무기 중 상당수는 이전 전투에서 전혀 사용되지 않은 새로운 것이다. 폭발물, 탄도 무기, 그리고 항공기와 같은 재래식 전투 무기와 다르게 첨단 무기는 매우 복잡해서 쉽게 이해되지 않는다. 이 첨단 무기는 사용 적정성에 대한 새로운 질문들을 우리 군인과 의사결정권자들에게 던져주었다.

새로운 형태의 분쟁

전쟁은 신발 폭탄과 속옷 폭탄을 사용하는 테러범들부터 레이저 무기를 개발하고 군인에게 초인간적 능력을 제공해 주는 무기를 개발하는 연구원들까지, 그 형태와 기능에서 계속해서 변하고 있다. 새롭고 다른 기술이 분쟁 안에서 나가야 할 길을 찾고, 분쟁 그 자체를 변화시킨다. 전쟁은 새롭고 다른 형태의 적의 출현과 적전술의 변화뿐만 아니라 통합 감시, 무인 전투, 원격 무기, 초정밀 타격, 사이버 작전, 그리고 전 지구를 전투 지역으로 삼는 비밀공작 엘리트 군대를 발전시키는 방향으로 진화하고 있다. 이제 우리의 관심은 기술적으로 정교해진 적들을 격파하기 위하여 자율 체계, 증강 군인, 레이저, 그리고 고속 무기를 사용하는 데 있다. 군대와 정보 당국자들은 핵테러와 생물학전에 대해 심각하게 우려하고 있다. 우방국 또는 우방국에 가까운 국가들도 분쟁 상황에서 미국에게 첨단 무기를 사용할 수도 있다는 현실을 우리는 반드시 고려해야 한다. 간단히 말해서 미국은 모든 국가에 대해서 전쟁이 준비되어 있어야 한다는 것이다.

최근의 전쟁은 드론이나 첨단 감시 기술이 핵심적인 역할을 하는 보다 제한적인 전투를 지향하는 경향이 있다. 적들은 우리를 공격하기 위해 더욱더 새롭고 기발한 방법을 찾을 것이다. 자살 폭탄과 민간항공기는 이미 현존하는 위협이고, 나아가 정보전이나 잠재적으로 치명적인 유전자 조작 바이러스는 새로운 위협으로 다가온다. 신생국과 각종 무장단체는 선진국과 군비 경쟁을 할 수 없다는 것을 알기 때문에 예전과는 다른 혁신적인 방법과 무기에 눈을 돌린다. 발전된 기술에 매우 쉽게 접근할 수 있고, 상식적인 행동 규칙의 제약을 받지 않는 이런 적들은 미국과 동맹의 자산에 심각한 위협으로 대두되고 있는데, 미 국방대학의 함메스가 말한 것처럼 힘의 균형을 "소수의 복잡한 것"에 대항하는 "다수의 단순한 것"으로 변화시켰다.[3]

미래 전쟁의 장소는 반드시 우리가 알고 있는 전장일 필요는 없다. 우리는 시가지에서, 무정부 지역에서, 사이버 공간에서, 그리고 전자기 스펙트럼의 영역에서 싸우게 될 것이다. 심지어 우주 공간이 싸움터가 될 수 있다.

---

3 T. X. Hammes, "The Future of Warfare: Small, Many, Smart vs. Few and Exquisite?," *War on the Rocks*, July 16, 2014, https://warontherocks.com/2014/07/the-futur e-small-many-smart-vs-few-exquisite/. 저자는 또한 끊임없이 하늘 높이 치솟는 "정교한" 무기의 비용에 관하여 많은 이야기를 했다.

이미 다른 국가들에서 오랫동안 문제가 된 취약표적, 즉 민간인이나 민간 시설에 대한 테러와 공격은 미국에서 일상적인 것이 될 것이고, 이에 대한 대응 능력이 요구될 것이다. 제3세계 테러 역사에 추가된 최근 발생한 파리, 브뤼셀, 샌 버나디노, 올랜도, 니스, 베를린, 런던, 스톡홀름에서의 섬뜩한 테러 공격은 분쟁의 미래 모습을 잘 보여준다. 이런 끔찍한 사건 발생 뒤에는 이 가해자들에 대한 복수를 위해 더 많이, 더 열심히, 그리고 지나칠 정도로 더 많은 정보를 수집하려는 움직임들이 있었다.

시작 부분의 시나리오에서 언급했듯이 우리의 적들이 항상 우리보다 기술적으로 열등하지는 않다. 그래서 만약 이슬람 국가(IS)의 봉기와 알카에다와 탈레반의 지속적인 영향이 없었다면, 옛 소련과의 경쟁국들이 핵무기를 포함한 군대 현대화에 막대한 돈을 쏟아부을 수 있었을 것이다. 중국은 현기증 날 정도의 기술 발전을 지속하여 급속한 군사화를 수반하는 우주 프로그램을 추진하고 있다. 북한은 끈질기게 핵무기와 ICBM 보유의 희망을 붙잡고 있다. 미국은 이런 신흥국들 위협의 존재 여부나 인지 여부와 관계없이 대응할 수 있는 신기술과 무기 개발을 가속해야 하는 필요에 직면해 있다.

미래 전장

2014년에 미 육군연구소는 전문가들에게 2050년의 전장을 묘사해 달라고 요청했다.[4] 그들이 예견한 것은 다음과 같은 요소들의 출현으로 특징될 수 있다(그림 2): 증강되고 강화된 인간; 떼를 지어 인간들과 팀을 이루며 작동하는 유비쿼터스 로봇; 무기 또는 무기체계를 지휘하고 통제하는 기관을 위한 자동화된 의사

그림 2. 미래 전쟁의 가상도

출처: https://www.baesystems.com/en/multimedia/artistic-impression-of-future-battlefield
(Copyright © 2021 BAE Systems. All rights reserved)

---

4 Alexander Kott etc., *Visualizing the Tactical Ground Battlefield in the Year 2050: Workshop Report* (Adelphi, MD: 미 육군연구소, 2015).

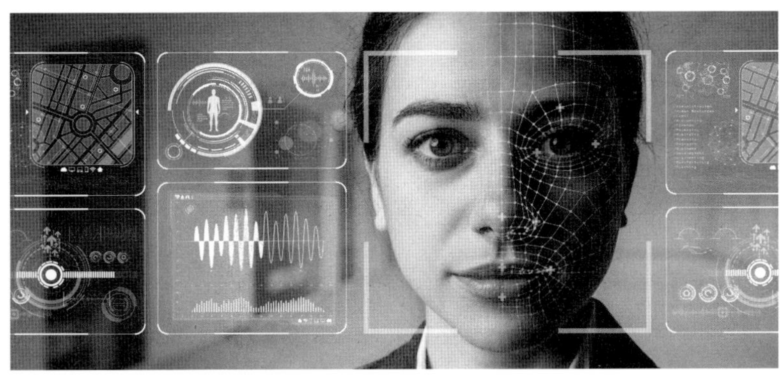

그림 3. 얼굴 인식 개념을 통한 생체인증 보안 시스템

결정 시스템과 자율 운용 체계; 전장에서 부대들에 의한 대규모 자체 조직화와 종합적 의사결정; 적군의 행동에 대한 모형화와 모의실험; 위장, 해킹, 정보전, 그리고 고도의 전자전 능력을 갖춘 경쟁적인 정보 환경; 레이저와 마이크로파 무기들; 개인의 전자적 특징과 행동적 특징에 기반한 개인 표적화 기술. 특히 마지막 기술은 거의 실현단계에 있다. 국방부는 원거리에서 귀의 모양, 개인의 걸음걸이, 멀리서 작동되는 지문 판독기, 땀 속의 화학 성분, 그리고 심장 박동의 특이성 등 다양한 방법으로 특정 사람을 식별할 수 있는 기술에 투자하고 있다(그림 3).[5]

군인은 다르게 보일 것이고 실제로 다를 것이다. 먼저 외면적으로 군인에게 더 강력한 방호력, 더욱 고도화된 상황 인식 능력, 더 큰 체력을 제공하기 위한 기술이 사용될 것이다. 군 조종

5 Noah Shachtman and Robert Beckhusen, "11 Body Parts Defense Researchers Will Use to Track You," *Wired*, January 25, 2013.

사들 일부는 장시간의 공중임무 수행 중 각성도를 높이기 위해 법적으로 승인된 각성제를 이미 사용하고 있다. 이와 같은 기능 강화 약물은 좀 더 보편화될 것이다. 군인의 육체는 효율성을 최대화할 수 있도록 변화될 것이다. 더 큰 힘을 내는 외골격, 인지 기능을 향상하거나 기억을 변경시키는 약물, 그리고 초미세 신경 보조 전자기기를 이식하는 수술 등을 통해 인공적으로 더욱 강화될 것이다. 현재도 군인은 어디에서든지 거대한 데이터베이스에 접근해서, 잠재적인 테러범에 대한 개인 정보뿐만 아니라 영상 및 위협 정보에 언제든지 접속할 수 있다. 미래 군인은 멀리 떨어져 있어도 컴퓨터로 연결되어 전 지구적 네트워크의 일부가 될 것이다. 이 컴퓨터 네트워크는 각 군인의 육체적 건강과 정신 상

그림 4. 가상 현실 속의 미래 군인

태를 실시간으로 기록하고 무기와 탄약 상태를 확인하며 작전 기여도를 산출하고, 명령을 하달할 것이다(그림 4).

기계는 아주 먼 거리까지도 우리를 위해서 싸울 것이다. 장거리, 지평선 너머 가시거리 밖 사거리를 가지는 미사일과 어뢰가 보편화될 것이다. 최근 해군 잠수함부대의 사령관이 과학자들에게 200마일의 사거리를 갖는 체계를 개발해 달라고 요구했다.[6] 미래에는 어뢰가 특정 표적을 목표로 발사되는 대신에 적이 있을 만한 곳으로 발사될 것이다. 이런 체계는 표적 지역을 추적 관찰하고 위협에 더욱 신속하게 대응할 수 있어서, 우방국의 활동 범위를 급격하게 확장할 수 있다. 무인 체계의 인기도 상승하고 있으며 운용 범위도 확장될 것이다. 실제로 무인항공기의 국방부 재고는 2002년 이후 10년 동안 약 40배가 증가했다.[7] 벌떼 드론에 대한 군사적인 중요성이 새롭게 대두되어 성장 속도는 앞으로 더욱 가속화될 것이다. 통제/자율형의 복합 무인 전투체계를 활용해서 군인은 안전거리 밖에서 적과 대치해서 싸우거나 이동 창고로부터 탄약을 보충받을 것이다.

---

6 Megan Eckstein, "COMSUBFOR Connor: Submarine Force Could Become the New A2/AD Threat," *U.S. Naval Institute News*, May 14, 2015.

7 The Defense Department's inventory: Jeremiah Gertler, U.S. Unmanned Aerial Systems(Washington, DC: Congressional Research Service, 2012). 이 문서가 오직 공중 시스템만을 다루었던 반면, 다른 군은 무인 시스템에 집중적으로 투자하고 있었다.

기계는 우리를 대신해 감시할 것이다. 이제 대부분의 공공장소는 카메라에 의해 추적 관찰되고, 어마어마한 양의 디지털 데이터가 정부와 산업체에 의해서 수집되는 이 현상은 더 증가할 것이다. 영상 감시는 2002년에 20억 달러짜리 산업이었는데,[8] 2015년에 210억 달러에 도달했다.[9] 자동인식 소프트웨어, 안면과 눈 판독기, 그리고 라디오 주파수 인식(RFID) 칩과 같은 새로운 기술들이 유비쿼터스 기능의 카메라에 더해지고, 개인에 대한 정보량이 엄청나게 많아질 것이다. 센서들은 모든 곳에 설치될 것이다. 감시 역량은 인간에 의한 수집 능력보다 드론, 인공위성, 컴퓨터 첩보 행위와 불법 이용, 통신 감청, 그리고 다른 장비들에 훨씬 더 크게 의존하게 될 것이다.

기계는 우리를 대신해서 사고할 것이다. 미래 전쟁은 사회간접자본에 대한 공격과 같은 사이버전이나 컴퓨터를 이용하여 전장의 군인들과 무기 시스템들을 지원하는 것과 같이 컴퓨터를 이용한 전쟁이 될 것이다. 광범위한 데이터가 센서들로부터 집중적으로 수집될 것이고, 인공지능 체계는 사람을 대신해 지능적인 분석을 할 것이다. 군인은 정보 분석 대신 기계에 의해 제공된

---

8 Organization for Economic Co-operation and Development, *The Security Economy* (Paris: OECD Publications, 2004).

9 Transparency Market Research, *Video Surveillance and VSaaS Market-Global Industry Analysis, Size, Share, Growth, Trends and Forecast, 2016-2024*, April 29, 2016, http://www.transparency-marketresearch.com/video-surveillance- vsaas-market.html.

출력물 중에서 단순히 선택만 할 것이다. 컴퓨터는 군인의 옷, 장비, 그리고 생체인식 센서들에 의해 수집된 데이터의 흐름을 분석할 것이다. 수많은 분석과 모의실험, 모형화 작업을 통해 검증된 행동 방침이, 첨단 무기체계의 사용 설명서와 함께 군인에게 주어질 것이다. 지휘와 통제 기능은 중앙 지휘부에 집중될 것이다.

전투의 속도가 무척 빨라질 것이다. 극초음속 운반체들과 무기는 전투 시간을 극적으로 단축할 것이고, 말 그대로 빛의 속도로 운용되고 마음대로 치사율을 선택할 수 있는 레이저와 라디오 주파수 무기들의 사용이 증가할 것이다. 군인은 때론 잘못된 내용이 포함된 정보의 홍수 속에서 강도 높은 시간 압박 아래에서 작전하게 될 것이다. 전투 중 시간은 더욱 소중해질 것이다. 중요한 결정이 빠르게 내려지고 빨라진 전투의 속도는 의사결정에 큰 압박을 줄 것이다.

전투는 순간순간 상황이 잘 파악되지 않을 것이다. 전장이 시공간적으로 확대될 것이고, 적은 쉽게 식별되기 어려울 것이다. 전투는 교묘하게 장기간에 걸쳐 일어날 수 있고, 또는 즉각적이고 엄청나게 파괴적일 수도 있으며, 알아차릴 수 없게 또는 상상할 수 없는 속도로 일어날 것이다. 전쟁은 반드시 국가와 국가 사이에 싸우는 형태가 아닌 다른 개인, 집단, 국가에 대하여 다양한 형태의 폭력을 사용하는 또 다른 개인, 집단, 국가에 의한 하이브리드 전쟁일 것이다.[10] 국방부는 정보 작전, 사이버 공격, 테

10 Thomas Gibbons-Neff, “The New Type of War That Finally Has the Pentagon’

러, 재래식 공격, 그리고 다른 변형된 형태의 분쟁 유발 등의 특징을 가진 이른바 회색지역(중간지대) 분쟁의 증가에 주목하고 있다. 헤즈볼라, 알카에다, 탈레반, 그리고 ISIS에 의한 최근의 경험도 있지만, 앞으로 우리는 조직화된 범죄 집단과 준국가 단체의 지원을 받는 해커도 상대해야 할 것이다.

고도로 전문화된 군인으로 구성된 소부대가 더 넓은 지역에 퍼져, 산발적으로 펼쳐진 전장에서 싸우게 될 것이다. 어떤 경우에 군인은 적을 파괴하기 위하여 기지를 굳이 벗어날 필요가 없을 수도 있다. 교전은 상황에 따라 각개 전투원이나 소규모 부대 단위로 맞추어 파견하면 될 것이고, 이때 부대는 일반 군인과 증강된 군인 그리고 로봇들로 구성될 것이다.

전투의 영역은 지구와 우주를 포함할 것이고, 전통적인 전쟁 규칙에 대한 합의는 깨질 수도 있을 것이다. 전투원과 비전투원의 구별, 무기 비례의 원칙, 군사수요(전쟁법 내에서 군사 목적 달성을 위한 필수요건) 등과 같은 개념들은, 새롭고 아직은 정해지지 않은 의미들로 바뀌게 될 것이다.

---

s Attention," *Washington Post*, July 3, 2015.

미래 전투 기술들

미래를 준비하기 위하여, 국방부는 기초과학연구 관심사 분야 중에서 합성생물학, 양자정보과학, 인지신경과학, 인간행동 모형화, 그리고 몇 가지 흥미로운 공학적 소재들을 과제화했다.[11] 공군은 그들의 최우선 연구 과제로 극초음속 운반체, 레이저 무기, 그리고 자율 운영체계를 선정했다. 추가로 국방부는 특별한 요구 성능에 맞는 라디오-주파수 민첩성과 스마트 라디오, 스마트 안테나와 같은 전자기파 스펙트럼 영역의 신기술과 신기법들을 도입할 계획이다.[12] 미래 전장은 통신용, 차량이나 항공기의 운항용, 혹은 사람에게 피해를 주는 용도의 전자기파로 가득 찰 것이다.

기술적 압도는 여전히 미국 군대 우월성의 중심 요소이다. 국방부는 미국 기술이 적들을 "상쇄 상태"로 지배했던 다양한 시대에 주목한다. 첫 번째 상쇄는 핵무기, 대륙간탄도미사일, 그리고 첩보 위성의 시대이다. 두 번째는 스텔스 기술과 정밀유도 무기의 등장이고, 오늘날 미국 군 지휘자들은 공개적으로 세 번째 상쇄 전략을 언급하기 시작했다. 칼럼니스트 데이비드 이그나티

11 Robin Staffin, "Department of Defense Basic Research," Presentation to National Defense Industrial Association, June 19, 2013.

12 Earl Wyatt, "Prototyping: A Path to Agility, Innovation, and Affordability," Presentation to National Defense Industrial Association, March 24, 2015.

우스는 말하였다.[13] "당연히 미국의 최고 전략은 미국의 최대 장점인 기술을 지렛대로 사용하는 것이다. 이는 30년간 지속한 레이건 대통령의 '스타워즈 계획'을 연상시킨다." 국방부 부장관은 전략의 5가지 요소를 다음과 같이 기술하였다: (1) 변화하는 환경에 적응할 수 있고, 계속해서 배울 수 있는 자율학습체계 또는 기계; (2) 많은 양의 정보 처리를 가능하게 해주는 인간/기계 협업기술; (3) 착용형 경량 센서나 전장 통신장비와 같은 인간작전 지원; (4) 인간/기계의 전투 팀, 즉 정보, 통신, 그리고 추가 보급품 등을 제공하는 무인화 무기와 짝을 이룬 유인 무기체계; 그리고 (5) 인간 의사결정권자들과 연결된 통신이나 센서 연결망이 파괴되었을 때도 표적을 찾기 위하여 무기체계들끼리 상호 협조하는 "네트워크를 이용할 수 있는 반자율 기술". 세 번째 상쇄는 인공지능과 발전된 컴퓨터 기술에 크게 의존하는데, 대부분의 연구가 비밀로 취급되기 때문에 외부로는 일부분의 기술만이 공개된다.

세 번째 상쇄를 위한 기술개발에 있어서 국방부에서 가장 중요한 기관 중 하나는 국방고등연구계획국(DARPA)이다. DARPA는 미국이 소련의 스푸트니크 인공위성 발사 때처럼 다시는 기술적으로 뒤처져 당황하지 않기 위해서 1958년 아이젠하워 대통령에 의해 설립되었다. DARPA의 혁신에는, 현대 항공기에 사용

---

13 David Ignatius, "Arming Ourselves for the Next War," *Washington Post*, February 24, 2016.

되는 레이더 신호 감소 스텔스 기술과 오늘날 인터넷의 선두 주자인 ARPANET이 있다. 연구자들은 종종 언론에 의해 군대의 "미친 과학자들"로 언급되기도 하는데, 이는 연구소 소장인 아라티 프라브하카르 박사가 그다지 좋아하지 않는 별명이다. 뛰어난 과학자인 프라브하카르 박사는 보통은 신중하고 차분한 성격인데, DARPA의 과학자들이 자국의 군사적 우세를 목표로 경이적인 기술을 개발하는 것을 설명할 때는 매우 열정적으로 변한다. DARPA의 과학자들은 그들 분야에서 최고들로만 채용되는데, 다른 정부 임용자들과는 달리 상대적으로 짧은 4년짜리 계약으로 제한되고, 그동안 DARPA는 그들의 연구성과의 한계를 넓히기 위해 다른 최고 학자들을 채용해서 연구비를 지급한다. 그들은 사이버 기술, 생물학, 신경과학 등의 거대한 전략적 체계부터 작은 전술적 체계까지 다양한 분야에서 연구한다. 어느 정도의 실패도 있었지만 그보다 더 많은 성공으로 인해 매우 뛰어난 업적을 남겼다.

미국이 그들의 세 번째 상쇄전략을 성공적으로 펼칠 수 있는 능력은 정보 통신 기술, 자율 운용체계, 로봇 기술, 사이버 기술, 비살상 무기체계, 그리고 고속 무기들을 얼마나 혁신적으로 사용하는가에 달려있을 것이다.

정보 통신 기술은 인공지능 기술과 앞에서 언급했던 자율 운용 군사 체계, 로봇공학, 첨단 인공기관, 그리고 사이버 무기 개발에 필수 요소이다. 또한 데이터 마이닝과 같은 AI 기술도 정보 통신 기술을 기반으로 한다. "정보 통신 기술"이란 용어는, 마이크로프로세서나 트랜지스터와 같은 초소형 전자기기, 인터넷, 고성능 컴퓨팅, 알고리즘, 자료수집과 저장, 데이터 전송, 데이터 마이닝과 분석, 사물 인터넷 같은 분야를 아우르는 폭넓은 개념이다. 여기서 사물 인터넷이란 요즘 떠오르는 분야로서, 센서를 모든 기기에 부착하여 이들을 인터넷을 통해 연결한다는 개념이다. 수집되는 정보의 양의 증가로 인해 컴퓨터의 계산능력과 정보 저장능력 또한 천문학적으로 성장하였다. 한 개의 칩 위에 놓일 수 있는 트랜지스터의 수는 1,000억 개 정도이다. 오늘날 이틀 동안 모여지는 데이터양은 문명의 시작부터 2003년까지의 데이터양보다 훨씬 더 많다.[14]

사물 인터넷은 2020년에 전 세계적으로 연결되는 기기의 수가 거의 400억 개일 것으로 예측될 만큼 엄청나게 성장하고 있다(그림 5). 가정용 기기, 차량, 심지어 장난감까지도 서로 연결된다.[15] 당연히 군대는 자체적으로 사물 인터넷을 운용하고 있다. 수년 동안 미 육군은 머리 부상자의 진단을 돕기 위해서 내장형 센서가 장착된 헬멧을 지급했다.[16] 심지어는 개인 군수품들도 인

---

14 M. G. Siegler and Eric Schmidt, "Every 2 Days We Create as Much Information as We Did Up to 2003," *Tech Crunch*, August 4, 2010.

15 Mark P. Mills, "Creepy Barbie? Brace Yourself for the Internet of Toys," Forbes, December 22, 2015. 이 글은 또한 소비자의 명시적 지식 없이 수집된 데이터의 많은 영향을 토의했다.

16 Jon Hamilton, "Pentagon Shelves Blast Gauges Meant to Detect Battlefield Brain Injuries," NPR, December 20, 2016.

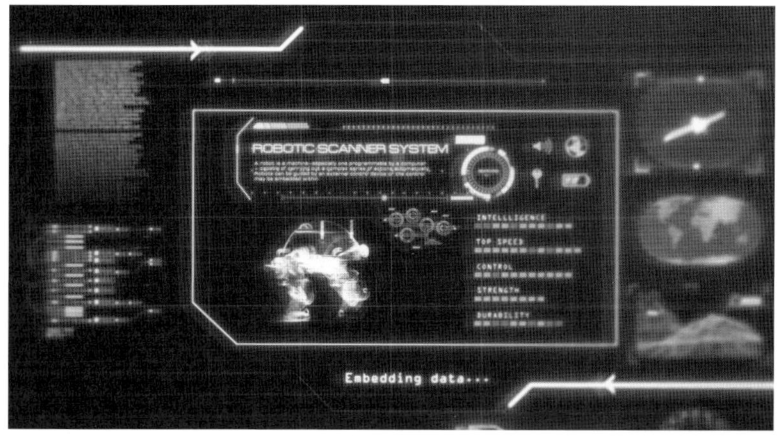

그림 5. HUD Robot Scanning System 사용자 인터페이스 컴퓨터 화면 디스플레이, 3D 그림 렌더링 그래픽 디자인

터넷 주소를 가지고 있다. 재래식 폭탄과 핵무기, 개인 통신장비와 인공위성, 단순 차량과 최신 장갑 차량, 레이저와 항법 체계 등 거의 모든 것이 컴퓨터를 사용하여 연결된다.

사물 인터넷과 와이파이에 연결된 기기들은 많은 장점을 가진 동시에 심각한 단점도 있다. 우선 항상 센서와 연결되어 있기에 사생활의 자유 및 보호에 취약하다. 최근에는 동부 해안지역의 인터넷 서비스 이용자들에 대한 대량의 서비스거부 공격에 사물 인터넷이 그 물리적 기반으로 사용되었다고 한다. 정보 통신 기술은 군사 전략가들에게 매우 핵심적이고 중요한 요소이다. 정보 통신 기술의 지속적인 발전은 통신 보안 대책을 쓸모없게 만들 수 있기 때문이다. 양자 컴퓨팅 기술이 완전히 현실화된다면, 어떤 암호든지 해독할 수 있게 되어 암호화 작업이 무의미하게 될 것이다. 어떠한 비밀도 유지될 수 없는 상황, 특히 이런 일이 군에서 일어난다고 상상해보라. 방대하고 복잡한 소프트웨어에 대한 이해의 부족으로 이를 이용한 여러 결과나 가정들을 명확히 설명하기도 쉽지 않을 것이다.

빌 게이츠, 일론 머스크, 그리고 스티븐 호킹과 같은 전문가들은 인공지능 발전의 위험에 대해서 경고하였다.[17] 언론은 지능형 로봇이 세상을 접수하는 종말론적 시나리오를 통해 공포를 조장하는 반면에, 전문가들은 좀 더 평범한 것들에 대해 우려를 표명한다. 전문가들은 인공지능 체계가 인간의 통제 범위를 벗어나는 상황이나, AI 체계의 신뢰성과 알고리즘 오류를 어떻게 식별할 것인지에 대학 걱정과 더불어 유비쿼터스 인공지능 체계의 사회적 영향에 대해서도 우려의 목소리를 키우고 있다.

법집행기관들과 정보기관들은 감시 활동을 위해 대량의 자료를 수집해 왔다. CIA의 전임 수석 기술담당자였던 거스 헌트는 몇 년 전의 공개 토론회에서 정부가, 물론 법률의 한계 안에서, 모든 사람에 대해 모든 정보를 사람들이 "생각하는 만큼" 수집하고 분석할 수 있는 수준에 도달했다고 말했다.[18] 이는 나쁜 사람들을 추적하는 데 요긴하게 사용될 수는 있을 것이다. 그러나 윤

---

17 빌 게이츠 같은 권위자들: Cecilla Tilli, "Killer Robots? Lost Jobs? The Threats That Artificial Intelligence Researchers Actually Worry About," *Slate*, April 28, 2016.

18 Michael B. Kelley, "CIA Chief Tech Officer: Big Data Is the Future and We Own It," *Business Insider*, March 21, 2013.

리학자들과 사생활 보호를 주장하는 사람들은 데이터 마이닝과 빅데이터를 통해서 얻어지는 정보가 실제 범인 색출 등에 사용될 때는 기껏해야 사진 한두 장 사용될 뿐이지만, 사생활은 매우 심각하게 위협하고 있다는 우려를 표명한다. 나아가 데이터 마이닝 소프트웨어와 알고리즘 자체에 대한 걱정도 적지 않다. 실제로 여러 정보기관의 분석관 자신도 현재 사용하는 소프트웨어가 업체에서 받은 경우라면, 내부 알고리즘에 대해 정확히 이해하고 있는 것이 아니라는 점을 인정한다. 결국, 시스템에 대한 불확실성이 편향된 결과를 가져올 수도 있다는 문제점이 있다.

역사적으로 위기가 고조된 시기에는 감시와 정보에 대한 요구가 커짐과 동시에 개인의 사생활과 공공의 자유를 위축시키는 모순된 상황이 벌어졌다.[19] 전쟁 기간과 그 전후로 타국 간첩들과 매국적인 미국인들에 대한 국민의 공포로 인하여 미국 내에서 개인 정보 수집이 강화되고, 많은 사람의 개인적인 자유가 제한되었다. 기술의 발전을 통한 센서, 통신, 그리고 정보 처리 능력의 향상은 감시의 영역을 더욱 확장시킨다. 센서의 민감도가 향상됨에 따라 새로운 정보를 알아낼 수 있을 것이라는 기대감에 아주 미약한 신호도 무시하지 않고 수집한다. 저장 용량의 증가와 비용 감소는 더 많은 자료수집 활동을 하도록 부추긴다. 우리는 그동안 능력이 되는 한 모든 미국인의 전화통화에 관한 자료를 수

19 James Waldo, Herbert Lin, and Lynette I. Millett, *Engaging Privacy and Information Technology in a Digital Age* (Washington, DC: National Academies Press, 2007), 349-65.

집했다. 하지만 민간 쇼핑기업 타겟(Target Corporation)부터 정부기관인 미연방 인사관리처에 이르기까지 데이터 절도 시도가 끊이지 않는다는 점 때문에 우리의 최대 관심사는 정보 보호였다.

합성생물학은 새롭게 부상하는, 매우 다양한 분야를 포함하는 연구 분야로서 새로운 생물학적 경로, 유기체, 기기들의 설계와 제작, 또는 기존에 존재하던 인공 생물학적 개체들의 재설계 등을 다룬다.[20] 이 분야의 연구를 통해 새로운 약물이나 물질, 연료, 그리고 지금껏 누구도 상상하지 않았던 완전히 새롭고도 위험한 유기체들이 개발될 것이다.[21] 합성생물학을 통해 인간의 능력을 더욱 개선할 수 있는 새로운 생리학적 성과가 분명히 나올 것이다.

최근에 나는 생물학과 신경과학 프로그램에 많은 투자를 하는 DARPA 생물학 기술연구소의 책임자인 저스틴 산체스와 대화를 나누었다. 수년 전 연구소를 개소할 당시 DARPA가 발표한 연구소의 목표는 전투원 능력을 항상 최상의 상태로 유지하는 데에 도움을 주는 요소들을 발견하는 것이었다. 이는 연구 범위가 단순한 의학적인 응용을 넘어서, 전투원의 작전 수행과 생물학적, 신체적인 활동 능력에 영향을 끼칠 수 있는, 다양하고 복잡한

20 Royal Society, "Call for Views: Synthetic Biology," June 2007, https://royaldociety.org/~/media/Royal_Society_Content/policy/projects/syntethic-biology/CallForViews.pdf.

21 Office of Technical Intelligence, *Technical Assessment: Synthetic Biology* (Washington, DC: Department of Defense, January 2015).

생물학적인 주제를 모두 다룬다는 것을 의미한다. 산체스 박사의 연구소는 병원균의 빠른 탐지와 돌연변이들의 예측, 그리고 병원균에 대한 항체를 생성하는 백신 생산 프로그램 등 다양한 생물학 분야의 연구를 지원한다.

DARPA 생물학 연구의 가장 큰 목적은 각개 군인들의 보호에 있다. 유전적인 프로필에 기반한 정보 수집, 생물학적 마커(표시장치)를 이용한 표시, 추적, 그리고 위치 식별 기술은 적에 대한 정교한 정보 수집, 감시, 정찰, 그리고 공세적인 행동들을 수행할 수 있게 도와준다. 정부에 재직하는 동안에 나는 (전기적 또는 다른 형태의 신호를 방출하지 않는) 소위 벌거벗은 상태의 인간이 어떻게 감지되고, 추적되고, 심지어 꼬리표가 붙여지는지에 대한 연구를 알게 되었다. 이 연구의 아이디어 중에서 어떤 것들은 생물학 기반이었는데, 그들 중 일부는 — 어느 것도 현실화하지 못했지만 — 너무나 터무니없었고 때로는 솔직히 두려웠다고 말할 수 있다. 산체스 박사는 그들의 생명공학 연구 모두가 치료 또는 방어 목적이었다고 단호하고도 확신 있게 말했지만, 이 새로운 연구 결과가 나쁜 목적으로도 쉽게 이용될 수 있다는 점에 대해서도 마지못해 동의했다.

바이러스 조작과 새롭게 발견된 CRISPR/cas9 같은 소위 유전자 편집기술은 앞으로 더욱 널리 사용될 것이다(그림 6). 그 기술을 통해 심각한 질병의 퇴치가 가능하다는 점은 매우 흥미롭지만, 다른 한편으로는 이 기술이 우리 자신에게도 사용될 수 있다는 점이 약간은 걱정스러운데, 그런 이유로 국가정보 책임자는

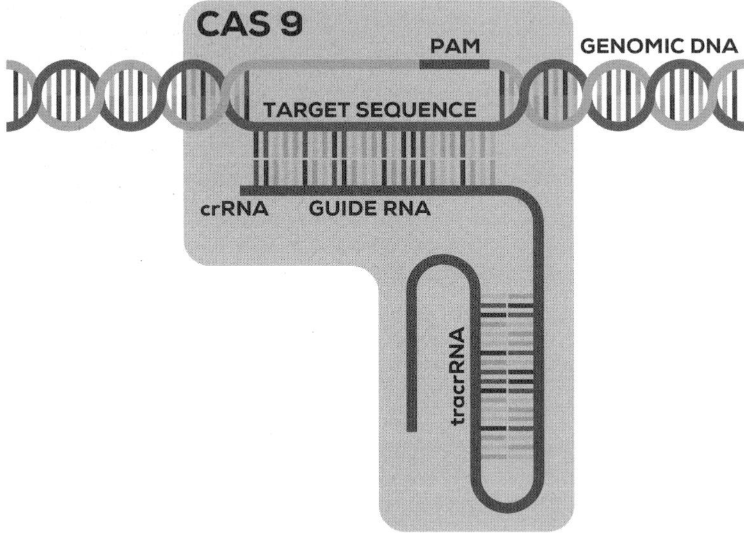

그림 6. CRISPR/cas9 유전자 편집 메커니즘 장치

유전자 가위(CRISPR) 기술을 생물학적 테러 위협 목록에 포함했다.[22] 스탠퍼드 대학 보도국의 마크 슈와르츠는 인터뷰에서, 생물물리학자 스티븐 블록이 초소형 유기체들을 유전공학적으로 가공하여 새로운 무기를 생산하는 어둠 속의 과학인, 소위 '검은 생물학'의 망령을 깨웠다고 말했다.[23] 블록은 "탄저병, 천연두, 그리

22 Kathryn Ziden, "The Dark Side of CRISPR," Potomac Institute for Policy Studies Center for Revolutionary Scientific Thought, September 20, 2016.

23 Mark Shwartz, "Biological Warfare Emerges as 21st-Century Threat," Stanford

고 다른 재래식 생물학적 병원균들은 그렇게 두렵지 않을 수 있지만, 치명적인 바이러스, 박테리아, 그리고 다른 초소형 유기체들의 유전자 지도가 이미 널리 공개되어 있다"라고 말했다. 계속해서 그는 숙주를 감염시킨 후에도 어떤 외부의 자극에 활성화되기 전까지는 침묵한 상태로 있는 소위 '스텔스 바이러스'에 대한 설명을 이어 갔다. 어떤 과학자들은 개인 맞춤형 유전자 치료를 개발하는 데에 이용된 것들과 유사한 기술을 사용한다면 이 맞춤형 바이러스를 통하여 원하는 표적을 암살하는 것도 가능하다고 말한다.[24]

합성생물학 연구는 다양한 위험요소들을 가지고 있는데, 연구 환경 자체의 안전 위험, 위험한 미생물들이 주변으로 퍼질 수 있는 위험, 그리고 중요한 자연 미생물들이 사라질 수 있다는 위험 등이 있다. 국방부 관계자는 "조작된 생물학적 체계의 높은 성능과 자유로운 운용은 여전히 어려운 과제다"라고 말했다. 또한, 백신과 항바이러스제에 저항력 있는 신경독 또는 전염성 바이러스의 생산 같은 새로운 형태의 위협도 매우 걱정스럽다. 오스트레일리아의 과학자들은 사지 부전증 바이러스를 조작해서 쥐에게 투여 후 항체의 생성을 촉진하려고 시도했는데,[25] 그 실험의

---

report, January 11, 2001.

24 See Douglas R.Lewis, "An Era of Hopes and Fears," *Strategic Studies Quarterly* 10, no. 3 (2016): 23-46.

25 John P. Geiss II and Theodore C. Hailes, "Deterring Emergent Technologies," *Strategic Studies Quarterly* 10, no. 3 (2016): 47-73.

목적은 쥐 개체 수를 현저히 줄이는 특정 질병을 뿌리 뽑기 위해서였다. 실험을 통해 의도한 항체를 만드는 데는 실패했는데 문제는 그다음이었다. 실험을 통해 사지 부전증 바이러스가 특이한 변형을 일으켜 치명적인 상태가 되었고, 그 병에 대한 백신을 맞은 쥐들도 죽는 일이 발생했다. 다행히도 그 실험은 실험실 안에서만 진행되어 문제가 커지지는 않았지만, 인간에 대한 이런 형태의 연구는 극도로 주의해야 한다는 시사점을 남겼다.

많은 연구자가 유전자를 변형시키는 이른바 '기능획득실험'에 대해 우려를 표명한다. 그러나 미국과 다른 서구 국가들이 이런 종류의 연구를 금지하는 동안, 최근 중국 연구자들은 유전자 가위를 이용한 편집 기법을 인간 배아에 처음으로 적용하였다. 동시에 중국 회사 BGI(과거 북경 유전자 연구소)는 매우 높은 IQ를 가진 사람들의 유전자 배열을 분석하는 대규모 연구를 진행하고 있는데, 이는 국민의 평균 지능을 높이는 유전공학적 방법을 찾기 위한 것이라는 보고가 있다. 또 다른 나라들에서는 생명체를 인공적으로 만드는 실험까지 진행했다고 한다. 이런 종류의 연구는 윤리적, 철학적, 그리고 종교적 논쟁을 불러일으킨다.

새롭고 좀 더 효율적인 기술들이 개발되면서 유전자와 바이러스의 조작을 활용한 연구가 상당 기간 진행됐다. 나는 DARPA의 생물학 프로그램 매니저 중 한 사람인 맷 햅번 대령(박사)과 돌연변이 바이러스를 출현을 예측하고 빠르게 대응하는 그의 연구에 대해 긴 시간 동안 얘기를 나누었다. 만일 그 연구가 성공한다면, 지구 반대편 한 외딴곳에서 작전 중인 미군은 바이러스로 생기는 질병을 신속하게 진단하고, 치료 후 다시 전장으로 투입할 수 있는 능력을 갖추게 될 것이다. DARPA 생물학 연구소장이 밝힌 것처럼, 햅번 박사도 그들도 규정과 법에 따라서 바이러스 수정 연구는 하지 않는다는 것을 명백히 밝혔다. 그러면서 그가 연구에서 사용할 수도 있었던 여러 악의적인 방법들에 관하여 내게 허심탄회하게 얘기해 주었고, 그중 일부가 바로 위에 기술된 것들이다. 그는 연구 기간 내내 연구의 위험성 대비 이득을 스스로에게 수없이 자문한 결과, 연구로 인한 이득이 위험을 분명히 초과한다고 결론을 내렸다는 사실을 솔직하게 털어놓았다. 그와 같은 연구자들이 연구 윤리에 대한 쟁점을 심각하게 받아들였다는 것을 알게 되어 그나마 다행이었다. DARPA 부소장인 스티브 워커 박사도 내게 그가 새로운 생물학적 연구의 성과에 대해서 보고를 받을 때마다 그 숨은 영향력으로 인해 다소 충격을 받았었다고 말했다.

미국 정보기관들도 DARPA와 같은 연구기관인 정보고등연구기획국(IARPA; Intelligence Advanced Research Projects Activity)을 보유하고 있다. IARPA의의 책임자인 제이슨 매티니 박사는 개발도상국들에서 전염병학 분야의 현장 경험을 갖춘 수학자이자, 기술윤리에 관한 관심으로 윤리학을 공부하고 있는 학생이다. IARPA 또한 미국에 대한 미래 위협을 예측하기 위해 합성생물학 분야 연구를 지원한다. 매티니 박사는 그의 연구소가 하는 엄격한 관리 감독 기능을 설명하면서 첨단 생물학 연구 윤리에 대한 심각한 우려를 표명했다.

앞으로 더욱 걱정스러운 것은 합성생물학 분야 연구를 시작하려는 사람들이 증가하고 있다는 것이다.[26] 특히 국제 합성생물학 기구(iGEM; International Genetically Engineered Machine)는 고등학생들을 대상으로 하는 매우 큰 규모의 교육프로그램들과 국제 경시대회를 매년 실시한다.[27] 우려에 대한 또 다른 이유는 다음과 같다. 생물학적 행동의 예측은 매우 어렵고, 생물학적 복잡성은 아직 완전히 밝혀지지 않았으며, 합성생물학의 근본 법칙들 또한 아직 완전히 이해되지 않았다. 이론 물리학자 프리만 다이슨은 이처럼 아직 완전하지 않은 합성생물학에 대한 광범위한 유행에 대해 "유치원 학생들도 참여하는 이 게임(경시대회)에서 실제 난자와 정자를 가지고 장난으로 완전히 새로운 종들을 만들어 낼 수 있다"라고 이야기했다. 다이슨이 추가로 "이런 경시대회들은 매우 엉망이 되고 위험해질 가능성도 있다. 우리의 아이들이 그들 자신과 다른 사람들을 위험에 빠지지 않게 할 수 있도록, 규칙들과 규제들이 필요할 것이다"라고 추가로 강조했다.

신경과학 기술은 외상성 뇌 손상과 다른 부상을 가진 군인들의 회복을 도와준다. 인공기관의 신경 제어기술, 뇌와 기계를 연결하는 분야가 급속한 기술발전을 이루었다. 뇌 기능을 복원하고 말초 신경계를 자극하기 위한 칩 삽입 연구도 진행 중이다.

---

26 Michael Specter, "A Life of Its Own: Where Will Synthetic Biology Lead Us?," *The New Yorker*, September 28, 2009.

27 역자 주: 국제 합성생물학 대회는 MIT에서 시작되어 2019년 기준 43개국 5700여 명의 대학 및 고등학생들이 참여하는 대규모 경진대회이다.

DARPA에서 실시한 연구는 칩을 뇌에 삽입하여 특정한 뇌 활동 신호를 수신하는 것이 가능하다는 것을 보여주었다. 만약 뇌 기능이 상실된다면 칩의 내용을 역으로 손상된 뇌로 전송해서 뇌 기능을 복원할 수도 있다.[28] 인간이 아닌 영장류에 행해진 실험들이 인간에 대한 시도로 확대되고 있다. DARPA의 새로운 프로그램의 목표는 신경 재생과 기억 재생의 기능을 향상시켜 인간이 특정 사건을 더 잘 기억하고 새로운 기술을 배우는 것을 도와주는 순환구조(Closed-Loop) 시스템을 개발하는 것이다.

다른 연구에서는 동물들이 뇌와 뇌의 접속을 통하여 서로 협력할 수 있다는 것을 보여줬다.[29] *MIT Technology Review*지의 생명 공학 편집자인 수잔 로한에 따르면, 여러 쌍의 쥐들이 뇌 칩을 통하여 소통하고 협력해서 임무를 수행할 수 있다는 것을 보여주었다. 듀크 대학의 과학자들은 여러 쌍의 쥐를 훈련시켜 물을 마시기 위해 지렛대 위의 표시등이 켜지면 해당 지렛대를 누르게 했다. 그 다음으로 두 쥐의 뇌를 미소 전극들을 통하여 연결하였다. 한 마리에게 사료를 받기 위해서는 지렛대를 누르게 하는 시각적 신호가 가게 하였다. 그 쥐가 올바른 지렛대를 누르면, 뇌의 활동신호가 전기적 자극으로 전환되어 두 번째 쥐의 뇌로 직접

---

28 Robbin A. Miranda et al., "DARPA-Funded Efforts in the Development of Novel Brain-Computer Interface Technologies," *Journal of Neuroscience Methods* 244 (2015): 52-67.

29 Susan Young Rojhan, "Rats Communicate Through Brain Chips," *MIT Technology Review*, February 28, 2013.

전달되었다. 그 두 번째 쥐는 똑같은 형태의 지렛대들을 가지고 있으나, 어떤 지렛대를 눌러야 하는지에 대한 시각적인 신호는 받지 못하는 상태였다. 결국, 두 번째 쥐는 올바른 지렛대를 눌러서 보상을 받기 위해 첫 번째 쥐로부터 전송된 착수 신호에 의존하여야만 했다. 결과적으로 두 번째 쥐는 매우 높은 확률로 보상을 받는 데 성공하였다. 두 번째 쥐가 실수를 저지르면, 첫 번째 쥐는 두 번째 쥐가 올바른 선택을 쉽게 할 수 있도록 뇌 기능과 행동 모두를 변화시켰다. 두 번째 실험에서 연구자들은 여러 쌍의 쥐가 그들의 수염을 이용해서 좁은 구멍과 넓은 구멍을 구별하도록 훈련시켰다. 실험을 진행하는 동안에 첫 번째 쥐는 구멍 넓이를 감지하여 두 번째 쥐에게 그 결과를 전송했고, 두 번째 쥐는 우연이라고 취급하기에는 높은 성공률을 달성했다. 연구자들은 뇌와 뇌 통신의 전송 한계를 시험하기 위하여, 브라질에 있는 쥐의 뇌 신호를 인터넷을 통해서 노스캐롤라이나에 있는 두 번째 쥐에게 전송하였다. 연구자들은 그 두 쥐가 여전히 촉각을 이용한 구별 행동을 위해 협동할 수 있다는 것을 발견했다.

이 기술은 군사적으로 매우 큰 잠재력을 가졌는데, 현재는 아직 초보적인 기술 수준이라 전송할 수 있는 데이터의 양과 형태가 제한적이지만, 이런 문제는 향후 분명히 해결될 것이다. 첩보원들과 특수부대원들이 언제나 바라고 있는 은밀 통신도 가능할 것이다. 산 정상에 있는 한 군인이 계곡에 있는 동료 군인에게 자신의 위치를 노출하지 않으면서 곧 맞닥뜨릴 매복을 경고할 수 있는 상황을 상상해 보자. 설령 적이 그 통신을 감청한다고 해도 그들이 들을 수 있는 것이 무엇일까? 더 나아가 만일 둘이 아닌 여러 사람의 뇌가 서로 연결되어 함께 학습한다면 그 결과는 거대한 병렬 컴퓨터에 버금갈 것이다. 이런 경우 확실히 "브레인스토밍"이라는 단어에 새로운 개념을 부여할 수 있을 것이다.[30]

DARPA는 정보분석 신경과학(NIA; neuroscience for intelligence analysis)이라 불리는 프로젝트에서 정보 작전에 있어서 신경과학의 유용성을 입증하였다. 이 프로젝트에서 한 군인이 화면 속 표적을 보고 그가 보았다는 것을 알리기 위한 단추를 누르기 훨씬 이전에, 화면 속 표적을 보고 있는 것이 그의 뇌를 통해 관찰 및 기록되었다. 이때 화면 속 표적들을 탐지한 뇌 활동의 신호를 빠르게 감지할 수 있는 뇌파 기록장치(EEG)가 이용되었다(그림 7). 이 실험이 의미하는 것은 비삽입형 도구를 이용하여 복잡한 뇌 데이터로부터 표적 신호를 실시간 추출할 가능성이 있다는 것이다. 이것은 뇌가 다른 장치들을 거치지 않고 서로 직접 연결되어 몸의 기능을 통제할 수 있다는 것을 의미한다. 과학자들은 인간 시각 체계가 가장 정확한 표적 탐지 기구라고 생각하는데, 신경과학 기반의 계측 역량을 이용한 기능 보강을 통해 분석의 속도와 정확성을 더욱 향상시킬 수 있다고 믿는다.

현재까지 뇌 안에 센서를 부착하는 연구에서 수집된 데이터는 치료의 목적으로만 이용되고 있는데, 과학자들은 다음 단계로

30 Andrea Stocco et al. "Playing 20 Questions with the Mind: Collaborative Problem Solving by Humans Using a Brain-to-Brain Interface," *PloS One* 10, no. 9 (2015): e0137303.

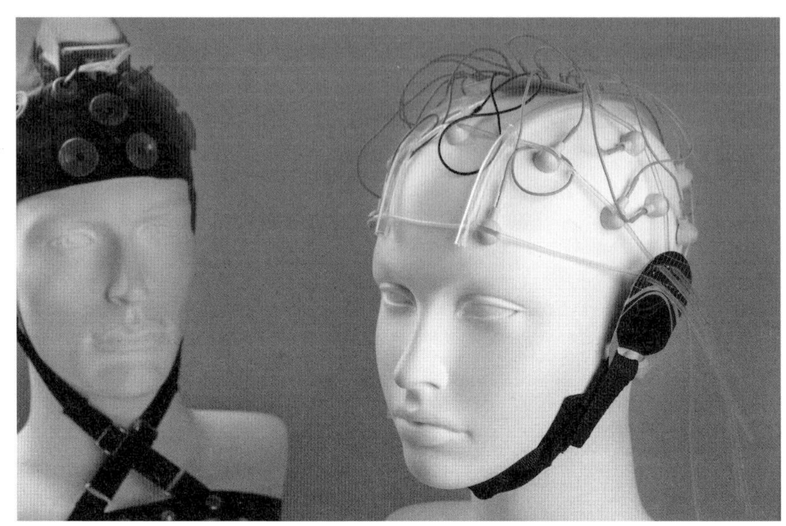

그림 7. EEG 전극의 예

나아가기 위한 준비를 하고 있다. DARPA는 최근에 뇌와 척수 밖의 신경과 신경절로 구성된 말초 신경계에 외부 자극을 주어 건강한 군인들의 학습 능력을 향상시키는 프로젝트를 발표했다. DARPA에 따르면 목표 신경 가소성 훈련(TNT; targeted neuroplasticity training)이라고 하는 새로운 프로젝트는 뇌에 있는 뉴런 세포들을 촉진하고 강화할 수 있는 말초 신경의 활성화를 통해 인지능력 훈련의 속도와 효과성을 증대시키는 것을 추구하는 연구이다. 만일 이 프로젝트가 성공한다면, 목표 신경 가소성 훈련은 외국어 전문가, 정보 분석가, 암호 해독가 등을 양성할 때 학습 속도를 증가시켜 소요 시간을 단축할 수 있을 것이다. 이 프로그램은 단순히 손실된 기능의 회복뿐만 아니라 일정 수준을 뛰어넘을 수 있는 능력을 갖출 수 있도록 하는 것을 목표로 하기에 이전에 DARPA에서 실시했던 여러 신경기술 및 신경과학 연구들과는 확연히 구분된다. 그런데 여기서 아주 중요한 사실 하나를 지적해 보자. 국방부가 이런 단계의 연구를 하고 있다는 것은 그리 놀랍지 않다. 정작 놀라운 것은 윤리학자들과 도덕 철학자들이 이 연구에 침묵하고 있다는 사실이다. 많은 것이 곧 수면 위에 드러나겠지만 이 책을 통해 대중의 관심과 토론을 간절히 호소하고 싶다.

덕 웨버 박사는 목표 신경 가소성 훈련(TNT) 프로그램 책임자이다. 그는 착용자가 감촉을 느낄 수 있도록 해주는 인공 팔다리를 개발하는 보형물 연구에 참여해 왔다. 손상된 팔다리와 보형물에 삽입된 통제 장비는 중앙 처리장치와 마치 문어의 촉수같이, 신경에 연결된 수많은 전기선으로 구성된다. 웨버의 설명에 따르면 목표 신경 가소성 기법이 학습 보조에 도움이 될 뿐만 아니라, 말초 신경을 자극함으로써 외상 후 스트레스 장애를 치료하는 데에도 매우 성공적이었다고 한다. 연구자들이 말초 신경을 통하여 뇌에 연결될 수 있다는 매우 중요한 사실을 발견한 것이다.

웨버 박사는 궁극적으로 이 자극 신호를 특정 기능만 수행하도록 설계할 수 있고, 장거리 무선 전송을 통해 멀리 있는 군인의 뇌 속으로 전송할 수 있다고 했다. 그런데 이런 기술은 데이터와 통신 수단이 주로 사용되기 때문에 사이버전의 표적이 될 수도 있다. 단지 추측일 수도 있지만, 그러한 발전이 군대 및 군사정보에 미치는 영향은 상당할 것이며, 아마 상상을 초월할 것이다.

신경과학은 생각에 따라 움직이는 보형물의 개발과 같은 기적적인 중대한 업적에도 불구하고 수많은 윤리적인 쟁점들을 불러일으켰다. 연구자들은 이제 어느 정도까지는 개인들의 마음을 읽을 수 있다. 물론 산체스 박사가 지적한 것처럼, "그 마음"이 정확히 무엇을 의미하는지 모호하지만, 그 의미가 무엇이든지 간에 사람의 생각을 읽을 수 있다면, 반대로 생각을 기록할 수도 있다. 연구자들은 생각만으로 작동되는 인공 보형물의 착용감, 즉 만들어진 외부 자극이 거꾸로 다시 뇌로 전송되어 이 착용감을 "느끼게" 해주는 신경 세포들의 신호 전달 체계에 대하여 충분히 알고 있다. 일단 생각과 감정의 구조에 대한 충분한 이해가 있다면, 이를 외부 자극을 통해 뇌 속으로 입력하는 것은 충분히 가능하다.

(신호를 통해 뇌 기능을 통제하는) 소위 '신경 강화'는 만들어진 인격, 정의, 그리고 강압에 관한 윤리적인 의문들과 우려를 불러일으킨다. 이 신경 강화가 인간 본질에 어떤 영향을 미치는가? 개인의 자율성과 자유 의지에 대한 영향은 무엇인가? 어떤 군인이 강화되었다는 것을 어떻게 알 수 있는가? 당연히 개인들은 (강화 여부의 판별을 위한 활동이) 사생활을 심각하게 침해한다고 문제를 제기할 것이다. 데이터의 적절한 사용과 보안이 가장 현실적인 문제가 될 것이다. 만일 실제로 우리 중에서 뇌가 일반 사람들과 현저히 다른 사람이 발견된다면 우리는 무엇을 어떻게 해야 할까? 그 정보가 차별의 이유가 될 수 있을까? 이미 어떤 작가들은 20세기

초반의 우생학 운동이 다시 벌어지고 있다는 경고를 보내기 시작했다. 신경과학에 대한 다른 우려스러운 쟁점들 가운데에는 불합리한 탐색의 도구로 사용될 가능성이 있다는 것과 심문에 악용될 가능성이 있다는 것이다. 끝으로, 만일 어떤 군인의 뇌에 신경을 통제할 기기가 삽입되거나 신경 강화가 이루어진다면, 그 군인이 향후 사회생활로 복귀할 때는 어떤 일이 발생하겠는가?

정보 통신 기술, 합성생물학, 그리고 신경과학 모두가 신경 강화의 여러 영역에 이바지한다. 한 개인의 능력을 사람들의 평균 수준으로 복원시켜주는 기술은, 누군가를 그 평균 수준 이상으로 끌어올리는 데에도 똑같이 사용될 수 있다. 이것이 군대에서 사용된다면 바로 증강된 군인을 의미한다. 외형적 증강은 외골격 강화, 방탄과 방사선 차폐, 그리고 부피가 큰 헬멧 장착형 야시장비와 똑같은 성능을 가진 적외선 관측 콘택트렌즈 같은 첨단 감시 장비 등이 있다. 내부적 증강은 특수 약 복용, 유전자 수정, 생물학적 또는 신진대사의 변화, 그리고 뇌 속에 컴퓨터 칩을 심는 외과 수술적인 이식 등이 있다.

초능력 인간은 예전부터 공상과학 소설의 단골 소재였다. 6백만 달러 사나이와 같은 텔레비전 쇼와 아이언맨과 로보캅과 같은 영화들은, 만일 인간이 초인간적 능력으로 증강되면 어떤 일이 벌어질까 하는 상상을 하게 만들었다. 이런 것들이 묘사했던 많은 부분이 여전히 과학적 허구 또는 (반중력 옷의 예와 같이) 과학적으로 불가능한 것으로 남아있지만, 상당한 부분이 현실화되거나 연구되고 있는데, 국방부는 지난 10년간 이런 기술들에 관해서 연구해 오고 있다. "신진대사적 우수 군인(Metabolically Dominant Soldier)"과 "초능력 군인(Soldier Peak Performance)"과 같은 DARPA의 과거 프로젝트들은 전투 수행능력 향상을 위한 생물학적, 유전적, 신진대사 활용 방법들을 연구했다. 이 기술이 상용화되면 군인은 급속한 세포 재생, 더 빠른 치유, 더 큰 근력, 인지적 향상, 성과 저하 없이 수일간 잠자지 않고 작전하는 능력, 더 높은 대사 에너지, 그리고 고통에 대한 면역력 등을 갖추게 될 것이다.

로버트 워크 국방부 부장관은 최근에 러시아에 대하여 다음과 같이 말했다.[31] "적어도 한 영역에서 우리의 적들은 앞서 있다. 그것은 육체와 두뇌 자체를 수정하여 인간 성능을 증강한 것이다. 우리의 적들은 증강인간 작전들을 추진하는 중이며 그것은 정말로 나를 겁나게 한다. 우리는 우리도 그와 같은 길을 가는 것이 옳은지에 대해 매우 중요한 결정을 해야만 할 것이다."

현재의 전투력은 그 이전보다는 더 증강되었다. 어제의 군인은 헬멧, 무기, 탄약, 약간의 음식물, 그리고 잠잘 수 있는 천막들을 들고 다니고, 운 좋으면 그의 지휘관이 라디오 한 대 더 가지고 왔을 것이다. 오늘의 군인은 그것에 더하여 반드시 방탄조끼를 입어야 하고, 야간투시경, 휴대용 컴퓨터, 라디오, 모든 것들을 충전할 수 있는 건전지를 가지고 다녀야 한다. 미래의 군인은

---

31 Sydney J. Freedberg Jr. "Will Us Pursue 'Enhanced Human Ops?' DepSecDef Wonders," *Breaking Defense*, December 14, 2015.

이 모두를 가지고 다니겠지만 그것들은 소형화·경량화될 것이고, 과거 미국 항공 우주국(NASA)이 우주인들에게 했던 것처럼 모든 생체 신호가 계량화되고, 추적·관찰되며, 다양하게 분석될 것이다. 미래의 군인은 다양한 데이터의 수집원이 될 것이다.

'미래 군인(Future Soldier)'으로 알려진 미 육군 프로그램은 2030년에 군인이 어떻게 무장해야 하는가를 강조했다. 이는 개인의 능력, 방호, 치사성, 네트워킹, 그리고 센서 기술을 고려해 설계되었다. 그 프로그램에서 특별히 강조됐던 것은 인지 수행능력 향상인데, 이는 인지 향상 약물, 육체적 증강, 그리고 신경 보형물, 그리고 두뇌 칩과 같은 기술들을 이용하여 향상될 수 있으며 그 결과로 효율성과 작전 속도를 높일 수 있다. 산소포화도와 포도당 같은 신체 행동 정보, 신경 정보, 그리고 체내 정보가 추적 관찰되어, 군인의 작전 수행 성과를 예측할 수 있는 컴퓨터로 전송된다. 이런 작업은 현재 진행 중인 다른 대부분의 육군 연구 프로젝트들에서도 계속되고 있다.

위와 같은 기술개발의 목표는 전장에서 군인의 안전을 보장해주고, 승리에 결정적인 작용을 할 수도 있는 작은 유리함을 제공해 주는 것이다. 그러나 일부 연구자들은 군인에게 두려움 또는 거부감을 없애거나 망각할 수 있게 하는 약물들을 제공하는 것에 대해서 매우 우려하고 있다. 생명 윤리학자 조나단 모레노는 철학자들이 우리 자신을 기억에 얽매여 있는 존재라고 믿는다는 점을 지적하면서, "누구나 넘어서는 안 될 확실한 경계가 있다고 믿는 사람이라면 기억하는 능력과 망각하는 능력을 조작하는 것에 대해서 반드시 경계해야 한다"고 했다.[32] 이런 감정의 조정은 군인을 안전하게 지켜주는 것과 그의 행동을 완화시켜 줄 때 비로소 가치가 있다. 작가이자 옛 해병이었던 칼 마란트는 "우리의 인간성을 유지하면서 기억을 지우려는 끔찍함을 통제하는 것이 미래의 전투원들에 대한 과제이다"라고 말했다.[33]

자유와 자율은 무엇인가? 증강된 상태에서 작전 중인 군인은 실제로 그 또는 그녀의 자유 의지로 작전하고 있는가? 약학적으로 증강된 군인은 판단기능이 정상 인간으로 생각될 수 있는가? 그 군인은 자기의 행동에 대해서 도덕적으로 책임진다고 생각될 수 있는가? 한 번 증강되었던 군인이 전역할 수 있는가? 한 명의 증강된 예비역 군인이 지역 공동체에 어떤 영향을 끼치게 될 것인가? 증강 군인 확장 경쟁의 영향은 무엇일까? 증강 기술은 확산할 것인가, 만일 그렇다면, 범죄자들이 그 기술에 접근할 수 있다면 민간 사회에 끼치게 될 영향은 무엇일까? 이런 기술의 개발과 도입에는 수많은 불확정성과 위험이 있기에, 이 위험성은 작전에 투입되기 이전에 심사숙고되어야 한다. 우리는 이 기술이 가져올 장기적이고 때로는 의도하지 않았던, 군인과 그 부대에 미칠 영향을 반드시 고려해야 한다. 증강 의존성과 중독성의 발현이나 특정 증강들이 영구적인지 가역적인지 등 아직 답이 없는

---

32 Jonathan Moreno, "DARPA on Your Mind," *Neuroethics Publications*(2004): 30.

33 Karl Marlantes, *What It Is Like to Go to War*(New York: Atlantic Monthly Press, 2011), 232.

문제도 반드시 그 해답이 필요하다. 군인의 증강이 불법적이거나 비윤리적이라고 규정될 수는 없지만, 반드시 군사적 필요성, 정당한 목적, 그리고 전투원의 존엄, 안전, 책임에 대한 논의가 선행되어야 한다.

로봇은 오랫동안 인기 있는 상상 속의 주제였다. 영화 〈월-E〉 속 사랑스러운 로봇이나 〈조니 5 파괴 작전〉에서처럼 호감이 가고 웃기는 로봇같이 선한 로봇, 2001년 영화 〈스페이스 오디세이〉의 '할'이나 혹은 〈우주 전쟁〉 속의 무시무시하고 사람을 죽이는 로봇같이 나쁜 로봇이 있다. 이런 것들은 비록 가상이지만, 실제 로봇은 전기학, 컴퓨터, 인공지능, 신물질, 그리고 다른 지원 기술들의 향상으로 점차 새로운 능력들을 갖추고 있다.

로봇은 보통은 인간과 같은 모습이지만 운용 목적과 상황에 따라서 가장 효율적인 모습을 취한다(그림 8). 영화 〈그녀〉의 매혹적인 운영체제같이 실체가 없는 컴퓨터 체계일 수 있고, 자율 무인 비행체 또는 자율 무인 해저 무기일 수 있다. 그들은 핵무기를 운반한다고 알려진 러시아 자율잠수함같이 매우 클 수 있고, 곤충만큼 매우 작을 수 있다. 로봇은 인간에 의해 통제될 수도, 반자동일 수도, 또는 자율적일 수도 있으며 살상력을 가질 수도 있다.

군사적 목적이든 다른 목적이든 드론 공격은 이미 흔한 일이 되었다. 가까운 미래에 드론은 스스로 교전 결정을 내릴 수 있게 될 것이다. 자율성과 살상 능력을 갖춘 새로운 공중, 지상, 그리고 해군의 무인 체계들이 개발 중이며, 이들은 향후 인공지능에

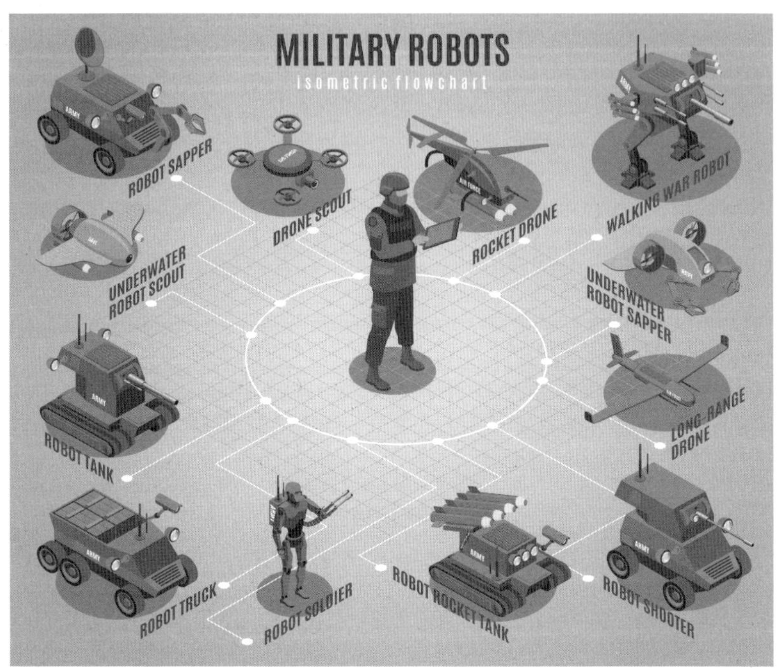

그림 8. 다양한 용도의 군사 로봇

의해 통제될 것이다. 사실 이와 같은 체계가 이미 많이 존재하고 있다.

워싱턴 D.C. 근교의 포토맥강 동쪽 강기슭에 미국 해군연구소가 있다. 이 연구소는 1923년 설립 이래, 특히 통신기술과 수중전 영역에서 오늘날 많이 사용되는 첨단기술을 개발해 왔다. 최근에는 우주체계 연구, 전술적 전자전, 초소형 전기기기, 그리고 인공지능을 연구하고 있다. 무인 운반체 연구를 위한 자율체계연구 실험실로 알려진 거대한 건물이 이 연구를 위해 새롭게 지어졌다. 그 건물은 동굴같이 생겼는데 시험 중인 무인 운반체들의

그림 9. 드론을 이용한 정찰

행동을 추적, 관찰하기 위하여 수백 대의 카메라와 센서들이 설치되어 있다. 실험실을 방문했을 때 나는, 여러 대의 쿼드콥터가 숨어 있는 표적을 찾기 위해 조화를 이루며 운용되는 것을 보았다. 빽빽하게 다 자란 열대성 식물들로 가득 찬 무덥고 습한 거대한 방에 들어갔는데, 숨어있는 관찰 시스템이 나를 계속 은밀하게 감시했다. 물론, 그곳은 해군연구소이기 때문에, 커다란 수영장에서 시험 중인 무인 수영운반체도 볼 수 있었다. 해군 대학원에 있는 비슷한 시설에서 나는 해군 잠수사들이 수중 드론을 시험하는 것을 지켜봤는데, 이 드론은 인간이 하기에는 너무 위험한 임무를 자율적으로 수행하면서도 다른 잠수사들과 팀원으로 활동하도록 설계된 수중 드론이었다. 또한 해군은 공중과 수중 모두에서 자율적으로 작동할 수 있는 운반체인 "flimmers(비행하고 수영하는 UAV)"의 가능성을 연구하고 있다.

플로리다의 광활한 에글린 공군기지(Eglin Air Force Base)에서 연구자들은 저비용 자율공격 체계(LOCAAS; Low Cost Autonomous Attack System)를 개발했다. 지상 기동 표적들을 대상으로 한 광범위한 지역 탐색, 식별, 그리고 파괴능력을 갖춘 소형 자율병기들은 전투지역 위를 배회하다가, 표적을 발견한 후 스스로 결정하여 공격하도록 설계되었다. 개발은 완료되었지만, 아직 한 번도 실제 작전에 배치되지는 않았다. 군이 아직 그 단계를 수용할 준비가 되지 않았기 때문이다.

가장 최근인 2011년까지만 해도 미 공군연구소는 새나 곤충 크기의 반자율-자율 운용 살상용 드론들을 개발하고 있었다(그림 10). 개념적으로 드론들은 어떤 지역 주위로 하늘 높이 배회하다가, 스스로 확실한 표적이라고 믿는 것을 감지하고, 자신들의 판단 때문에 폭발물 혹은 다른 수단으로 치명상을 날리는 저비용 소형 자율공격 체계로 이용될 것이다. 에글린 공군기지에는 생체 모방기술이나 자연의 행동을 모방하는 인공체계 연구에 전념하는 실험실이 있다. 내가 그 실험실을 방문했을 때 연구원들은 미세한 전극을 활용해서 파리 눈의 각 부분의 전기 출력을 세밀하게 측정하고, 물체가 파리 눈앞을 지나갈 때의 파리 눈의 움직임을 모형화하고 있었다. 연구원들의 군사적 관심은 파리가 어떻게 위협을 성공적으로 회피하는지 알아내는 것이었다. 다른 실험실에서는 비행특성을 분석하기 위해 잠자리를 연구하거나 난기류 속에서도 매우 안정적으로 비행할 수 있는 군집 벌떼 비행을 고속으로 촬영하고 있었다.

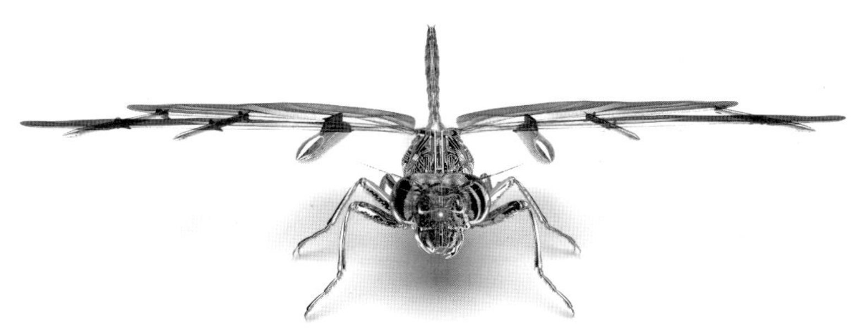

그림 10. 잠자리 드론의 3차원 그래픽

2012년 이래 국방부는 공식적으로 완전 자율살상체계들을 사용하지 않는 정책을 고수하고 있다. 이후로도 국방부는 그 정책에 대한 후속 지침이나 실행지침을 내려보내지 않았기에, 살상 자율무기의 연구와 활동을 10년 동안 중단시키는 결과를 초래했다. 미 국방부의 공식 정책에도 불구하고 군사 전략가이자 작가인 토마스 아담스는 앞으로 35년 후에는 작고, 치명적이고, 감지하고, 빛을 방출하고, 비행하고, 기어 다니고, 폭발하고, 사고하는 물체들이 전장을 매우 치명적으로 만들게 될 것이라고 말했다.[34]

로봇과 자율 체계는 전투원들의 위험을 감소시킨다. 무인 체계가 군사 전략가들에게 가치가 있는 것은 그것들이 사람이 접근할 수 없는 지역에서 원거리 작전을 할 수 있게 해주기 때문이다. 자율 시스템은 좀 더 저비용, 고효율로 임무를 수행할 수 있고 가

34 Thomas K. Adams, "Future Warfare and the Decline of Human Decision-making," *Parameters* 31, no. 4 (2001): 57.

장 중요한 점은 군인을 부상이나 죽음에 노출시키지 않고도 중요한 작전에 개입할 수 있다는 것이다. 로봇과 무인 체계는 지휘관들에게 적은 병력으로 큰 군사력을 동원할 수 있는 능력을 주는 무력 승수효과를 제공한다. 또한 자율 로봇은 인간이 가지 못하는 장소나 안전하게 갈 수 없는 장소까지, 그리고 인간이 도달할 수 없는 거리까지 전투 공간을 확장 시키는데, 로봇은 감정을 가지지 않기에 군인에 의한 비윤리적인 행동을 감소시킨다.

그러나 '자율 로봇이 나쁜 행동과 불필요한 사상자를 최소화하는 데 더 낫다고 할 수 있는가? 그리고 왜 그래야만 하는가?'에 대한 논란이 분분하다. 2006년, 미 육군 의무감이 아프가니스탄과 이라크 전쟁에서 군인들의 행동에 관한 놀랍고도 꽤 골치 아픈 사실을 발표했다.[35] 보고에 따르면 많은 군인이 전쟁의 규칙들을 무시했는데 그들 스스로가 그 이유를 단지 전투 스트레스 때문이라고 말했다는 것이다. 조지아 공대 론 아르킨 교수는 로봇은 충분히 더 나은 행동을 하도록 프로그래밍될 수 있다고 주장했다.[36] 하지만 또 다른 전문가들은 로봇에게 전장의 군인에게 요구되는 미묘하고 복잡한 사고와 의사결정의 모든 것을 프로그래

---

35 Department of the Army, *Mental Health Advisory Team(MHAT) IV:Operation Iraqi Freedom 05-07*, U.S. Army Surgeon General's Office, November 16, 2006.

36 Ronald C. Arkin, Governing Lethal Behavior: Embedding Ethics in a Hybrid Deliberative/Reactive Robot Architecture (Atlanta: Georgia Tech University, 2007), http://www.cc.gatech.edu/ai/robot-lab/onlinepublications/formalizationv35. pdf.

밍하는 것은 불가능하다고 주장하며 그 의견에 동의하지 않는다. 회의론자들은 기계가 인간만큼 인도적인 공감력과 의문을 가질 수 없다는 점을 걱정한다. 나 자신을 포함해서 여전히 많은 사람은 기계가 가진 능력은 차치하고라도, 기계가 인간의 생명을 빼앗을 수 있는 결정권을 갖는다는 생각에 대해서 여전히 반대하고 있다.

자율 체계에 살상 능력을 부여하는 것에 대한 반대는 그런 체계들을 금지하자는 범세계적인 움직임도 낳고 있다.[37] 이 걱정의 밑바탕에는 어떤 컴퓨터 프로그램도 윤리적이고 법적인 원칙들을 만족시킬 수 없다는 회의론, 도덕적 행위자로서의 인간을 사격 결정으로부터 배제하는 것은 완전히 틀렸다는 칸트 신앙, 그리고 위험성을 제거하면 군사력 사용에 대한 보상이 더 상승한다는 믿음 등이 깔려있다.[38]

자율 체계, 특히 자율 살상 체계의 연구와 활용 가능성을 둘러싼 다른 문제는 복잡성과 예측 불가능이다. 이 체계는 수백만 줄의 컴퓨터 코드로 작동하는데, 컴퓨터 프로그램은 오류가 있을 수밖에 없고 이 오류 중 일부는 매우 치명적 결과를 초래할 수도

37 Stephen Goose, "The Case for Banning Killer Robots," Human Right Watch, November 24, 2015, https://www.hrw.org/news/2015/11/24/ case-banning-killer-robot.

38 Kenneth Anderson and Matthew Waxman, "Law and Ethics for Autonomous Weapon Systems: Why a Ban Won't Work and How the Laws of War Can," Hoover Institution, Stanford University, 2013, https://ssrn.com/abstract=2250126.

있다. 또한, 의사결정 과정에서 인간들을 배제하는 것은 군사 작전과 군인정신의 핵심요소인 공동 책임감을 약화한다. 만일 비이성적인 집단이 이런 체계를 손에 넣게 되면 어떤 일이 벌어지겠는가?

현재 운용 중인 모든 살상용 자율 로봇 무기체계들은 해군의 팔랑스 함선 방어체계와 패트리엇 대공 방어체계 사례처럼 주로 방어 목적으로 사용된다. 공격 목적으로 사용될 수 있는 로봇체계들은 지금은 운용자가 통제하는 방식으로 사용된다. 국방부는 전장에서 살상력을 가진 로봇체계를 사용할 때는 그 결정 과정에 반드시 사람이 개입해서 중재하고 결정할 것이라고 말했다.[39] 그러나 자율무기체계로의 전환이 필요하다는 여론의 큰 압력도 무시하지 못할 정도이다. 국방 예산감축 요구와 인력감축의 압박으로 인해 로봇이 매력적인 대안으로 떠오른다. 펜타곤 관계자들은 우리가 인간에게 구속되지 않은 로봇체계들이 필요한 이유는 비용편익 분석 결과에 따라 돈이 절약되기에, 즉 가성비가 좋기 때문이라고 말한다.[40] 군인보다 기계를 운용하는 것이 현재도 더 싸지만, 앞으로는 더 싸게 될 것이다. 이런 자율 로봇체계가 더 낮은 비용으로 도입될 수 있다면 사용이 많이 늘어날 것인가?

---

39 Department of Defense Directive 3000.09, Autonomy in Weapon Systems, November 21, 2012.

40 Eric Beidel, Sandra I. Erwin, and Stew Magnuson, "10 Technologies the U.S. Military Will Need for the Next War," *National Defense*, November 2011.

때로는 흥미로운 심리학적 현상으로 인해, 의사결정 과정에 인간의 존재 여부가 아무런 상관이 없게 되는 일도 있었다. 1988년 호르무즈 해협에서 작전 중이던 미국의 유도미사일 순양함 뱅센(*Vincennes*)호가 어느 이란 민항기를 격추하여 탑승객 전원이 사망한 일이 있었다.[41] 그날의 긴박한 긴장 상황에서 작전 시스템은 계획된 대로 정상 작동하였다. 2000년 한 BBC 다큐멘터리에서 이 일에 대한 의문이 제기되었을 때 미국 정부 대변인이, 그 사건은 뱅센(*Vincennes*)호 대원들이 전투 스트레스가 심한 작전 중일 때 일어난다고 알려진 "시나리오 수행"으로 불리는 심리학적 상태에서 발생했을 것이라고 말했다. 이런 심리적 상태의 군인은 시나리오와 충돌하는 정보는 무시하고, 마치 그것이 실제인 것과 같은 착각에 빠져 훈련 시나리오를 똑같이 실행하는 것이다. 안타깝게도 이 사건에서 그 시나리오는 단독적기에 의한 공격이었고, 비극적으로 그 비행기는 민항기였다.

로봇체계의 역할이 커지면서 명령 계통의 방해 가능성은 큰 위협이 될 것이므로, 로봇은 지휘부와의 통신 없이 자체적으로 작전할 수 있어야 할 것이다. 특히 사이버전과 전자전이 급부상하고 있는 현시대에는 더욱 그렇다. 시스템 및 작전의 복잡성과

41 "Iran Air Flight 655," World eBook Library, http://www.ebooklibrary.org/articles/Iran_Air_Flight_655. See also Nancy C. Roberts, *Reconstructing Combat Decisions: Reflections on the Shootdown of Flight 655* (Monterey, CA: Naval Postgraduate School, October 1992).

속도가 증가함에 따라 인간의 의사결정 개입 비율은 제한 요소가 될 것이다. 쉽게 말해 사람은 전투의 속도를 따라갈 수 없게 될 것이다.

공군 수석과학자 그랙 자카리아스는 최근에 군 관계자들에게 "빠르면 2020년대에 공군은 유인 항공기와 나란히 비행할 수 있는 완전 자동화 드론 호위기(wingman)를 실현할 수 있을 것이다"라고 말했다(그림 11).[42]

그는 "공군 특수전 전투원들은 작전 시 C-130 수송기와 호위기를 위험에 노출되지 않게 하면서, 구름 아래의 상황을 알아보기 위해 C-130으로부터 발사되는 무인기들을 운용하고 있다"

그림 11. 전투기를 호위하는 보잉사의 Wingman drone, Szczecin, Poland-January 2021
출처: Mike Mareen / Shutterstock.com

---

42 Phillip Swarts, "Air Force Looking at Autonomous Systems to Aid War Fighters," *Air Force Times*, May 17, 2016.

라고 말을 이어갔다. 심지어 DARPA는 더 기술적으로 공격적인 프로젝트인 "그렘린(Gremlins)"이라는 개념을 연구하고 있는데,[43] 거대한 항공기로부터 다수의 무인 항공기들을 발사하는 개념이다. 임무를 완수하면, 다른 수송기가 무인기를 공중에서 회수하여 기지로 수송하고, 기지의 정비사들은 이들을 재사용할 수 있도록 준비시킨다. 이것은 터무니없는 것처럼 들릴 수도 있지만, 1960년대에 미 공군 조종사들은 인공위성이 지구로 떨어뜨린 필름 용기들을 공중에서 회수하는 특수 설비를 갖춘 수송기를 정기적으로 운항했다.[44]

"20YY: 미래전(The Future of Warfare)"이라는 기사에서 폴 스카레와 숀 브림리는 네트워크로 연결된 군집 벌떼(드론)는 사람이 운용하는 체계들보다 더 잘 조종되고 더 빠른 기동속도로 운용될 수 있다고 말했다. 벌떼는 적의 방어능력을 포화상태로 만들면서 압도하고, 저비용의 이점을 살려 적의 미사일들을 대신 맞음으로써 비용 대비 효과를 극대화한다. 그들은 또한 이 벌떼를 "뒤따라오는 미국의 공격 플랫폼들을 감추기 위해 혼란을 일으키고, 전자기적 소음을 높여 적의 센서들을 방해, 기만하고, 작동 불능으

---

43 John Keller, "DARPA Rounds Out Gremlins Program with Four Companies to Create Overwhelming Drone Swarms," *Military and Aerospace Electronics*, may 10, 2016.

44 Robert D. Mulcahy Jr. ed. Corona Star Catchers (Washington, DC: Center for the Study of national Reconnaissance, June 2012), http://www.nro.gov/history/csnr/corona/StarCatchersWeb.pdf.

로 만들 수 있다"라고 말했다.[45]

우리는 이미 우크라이나에서 러시아가 지원하는 군대가 군집 체계의 이점을 어떻게 이용하는지 충분히 보았다. 반란군들은 전차와 야포를 효과적으로 이용하는 것에 더하여, 사이버 공격을 감행하고 전장 통신과 GPS 유도체계들을 방해하기 위하여 군집 무인 비행체를 활용했다.[46]

자율 로봇들의 통합운용을 원하는 군사 전략가들은 운용 성과의 중요한 지표인, 예로부터 중요시되던 부대 응집력에 관심을 가질 필요가 있다. 인간과 로봇으로 구성된 팀이 순조롭게 기능할 수 있을까? 그 팀이 인간 지휘관 아래에서 어떤 작전을 수행하고 있다고 가정해 보자. 로봇이 불법적인 명령을 거부할 수 있을까? 만일 한 로봇이 모든 상황을 그대로 보고한다면, 그것이 다른 군인들의 행동에 어떤 영향을 미칠까? 그리고 로봇 중 하나가 포로가 되어 아군 로봇과 대치했을 때, 아군 로봇은 이전 동료에게 어떻게 대응할 것인가? 태생적으로 자율 체계는 생사를 좌우하는 결정을 내려 본 경험 있는 지휘자를 굳이 필요로 하지 않는다. 육군 소령 다니엘 석맨은 "그로 인해 전술적 수준의 리더들이 경험을 쌓을 수 없다면, 향후 그 경험이 반드시 있어야 하는 작전/전략 부대에서는, 그 능력을 갖춘 리더를 더 이상 찾지 못

45 See Paul Scharre and Shawn Brimley, "20YY: The Future of Warfare," *War on the Rocks*, January 29, 2014.

46 See Bryan Bender, "The Secret U.S. Army Study That Targets Moscow," *Politico*, April 14, 2016.

할 것이다"라고 지적했다.[47]

신문들은 연일 사이버 침입, 사이버 절도, 해킹과 같이 사회에 해를 끼치는 사건들로 채워지고, 이 사건 중 일부는 큰 혼란을 일으킨다. 군사 전략가들은 방어, 약탈, 그리고 공격을 포함하여 다양한 의미의 작전을 기획하고 토론한다. 모든 군사 작전을 세우는 데 있어서 컴퓨터와 정보 통신 기술에 대한 의존성은 점점 더 커져만 간다. 따라서 사이버 무기는 적 체계들을 파괴하고, 성능을 저하시키고, 방해하고, 거부하는 데에 매우 중요한 수단들이다.

수년 전에 나는 공군의 가장 핵심적인 지휘 통제 및 전쟁 기획체계 중 일부를 구축하는 책임을 지고 있었다. 당시 우리는 사이버 공격에 대한 우리 체계의 취약성을 막 이해하기 시작하였었다. (그리고, 정반대로 그런 공격의 기회가 우리 자신에게 주어졌다.) 나는 사이버전이 뜨거운 감자로 떠오르기 훨씬 이전에 뉴멕시코 산비탈 깊은 땅속에 있는 한 안전시설을 방문했었다. 당시 그곳 과학자들은 내게 특정 컴퓨터를 원격으로 아무도 모르게 고장 내거나 파괴하는 능력, 공장의 스위치 통제 체계를 켰다 껐다 하는 능력을 시연해 주었다. 오늘날 그런 기술이 있다는 것은 잘 알려져 있고 흔하지만, 세부사항은 여전히 극비로 남아있다.

---

47 Daniel Sukman, "Lethal Autonomous Systems and the Future of Warfare," *Canadian Military Journal* 16, no. 1 (Winter 2015): 44-53.

사이버 공격을 탐지하고 격퇴하는 것은 매우 중요하다. 강력한 적보다 앞서려는 노력을 진행하면서 국가안보국(NSA; National Security Agency)과 미 사이버사령부는 지금까지 사이버 침입과 공격들로부터 핵심 국가안보 네트워크들을 성공적으로 방어했다.

사이버 작전에서 적의 공격은 국가의 사회 간접자원뿐만 아니라 무기 플랫폼들의 취약성을 파고든다. 그런 기술은 전문성이 증가하고 확산하면서 더욱 크게 주목받는다. 장비와 군사역량을 파괴하는 사이버 작전의 능력은 이란의 핵 원심 분리기에 대한 스턱스넷(Stuxnet) 공격에서 입증되었다. 정보, 명성, 그리고 재원을 파괴하는 능력은 소니 영화사에 대한 북한의 공격에서 입증되었다. 한 승객이 좌석에 앉아서 비행기의 비행 시스템을 해킹한 사건도 있었고, 최근에는 뉴욕주 북부의 어느 댐의 통제 시스템이 이란 해커들에 의해 뚫린 사건도 있었다.[48]

사이버전의 속도로 인하여 사이버전 능력 개발과 공격의 구별이 어려워져서 오해 가능성도 증가했다. 러시아의 하드웨어 장비들로부터 어떤 대량의 서비스거부 공격이 실제 공격의 서막인가? 아니면 단순히 러시아 인터넷망을 통한 단독 해커의 소행인가? 이 컴퓨터 속에서 벌어지는 작전의 속도는 우리 의사결정권자들의 역량은 말할 것도 없고, 고도로 훈련된 사이버 군인들에

48 Kim Zetter, "Feds Say That Banned Researcher Commandeered a Plane," *Wired*, May 15, 2015. Joseph Bergermarch, "A Dam, Small and Unsung, Is Caught Up in an Iranian Hacking Case," *The New York Times*, March 25, 2016.

게도 큰 부담으로 작용한다.

사이버전은 어쩌면 전쟁의 폐해와 물리적 피해를 줄일 수 있어서 재래식 전쟁에 대한 비살상적인 대안이 될 수도 있고, 분쟁 확산을 방지하는 수단으로 사용될 수도 있다. 그것은 물리적 파괴를 경제, 디지털, 또는 정보 피해로 대체할 수 있다. 사이버 분쟁에 대한 우려에는 사이버 대응에 필요한 공격자 추적 조사의 어려움과, 의도한 것보다 더 큰 규모로 피해를 줄 수 있는 무기에 대한 통제력 상실 가능성이 있다. 컴퓨터 웜, 바이러스, 그리고 다른 형태의 악성 소프트웨어들은 일단 살포되면, 생물학적 체계의 전파처럼 네트워크를 통해 퍼져나간다. 비록 악성 소프트웨어들이 특정 시스템만을 표적으로 삼는다고 해도, 끊임없이 진화하는 바이러스는 방대한 네트워크 속에서 표적 시스템들이 아닌 다른 시스템들을 감염시킬 수 있다.

상대방에게 자신의 정체를 위장할 수 있는 기술이 매우 복잡해지고 있기에 사이버 작전에서의 불확정성은 점점 커지고 있다. 당사자의 정체가 불분명한데도 공격하는 것이 윤리적인가? 전통적 형태의 전쟁에서 의사결정을 할 때 상대방의 정체는 비교적 명확했다. 전문가들은 일단 어떤 (사이버)무기가 전장으로 발사되면 그것이 어디로 향할지 정확히 예측하는 것은 힘들다고 이야기한다. 이란 핵 프로그램을 표적으로 삼은 스턱스넷(Stuxnet) 바이러스 사례가 바로 이런 경우이다. 그 소프트웨어는 네트워크를 통하여 특정 형태의 산업을 통제하는 시스템만을 찾기 위해 전 세계에 걸쳐 있는 시스템들을 검색하기 시작했다. 그것은 오직 특정 환경설정만을 파괴하도록 설계되어 다른 시스템들을 파괴하지 않았지만, 아무 관계없는 사용자들이 그 바이러스를 제거하기 위해 많은 시간과 돈을 써야만 했다. 통제가 엉성한 기술을 사용하는 것이 과연 윤리적인가? 피해효과에 대한 평가가 어려울 때 공격의 적절한 형태를 어떻게 확신할 수 있는가?

국방부는 최근에 사이버 무기 역량개발을 위한 사업 입찰 공고를 할 것이라고 발표했다. 국방부는 재래식 분쟁지역에서 사용할 화력 사용계획을 세우는 것처럼, 특정 사이버 부대에 "사이버 무기" 사용계획 작성을 지시했다. 예를 들어, 항공기의 비행 통제장치를 방해하거나 어떤 폭탄이 미리 떨어지게 계획할 수 있을 것이다. 이 치명적인 사이버 무기들은 그 파급효과가 매우 크고 잘 알려지지 않았기에, 중요하고 위협적인 수단이다. 우리는 그런 무기 사용의 결말이 무엇인지에 대해 반드시 심사숙고해야 한다. 그러나 사이버전의 억제 방법들과 분쟁의 단계적 약화의 수단들에 대해서는 누구도 답을 하지 못하고 있다.

국방부는 사이버전도 다른 형태의 전쟁처럼 전쟁에 관한 법들을 충실히 따라야 한다고 규정했다.[49] 규정에 따르면 사이버전은 반드시 군사적인 기초 시설물들에 손해를 입히는 것을 목적으로 해야 하고, 동적인 전쟁(물리적 전쟁)에 대한 적의 능력을 감소시켜야 하며, 민간인의 생명과 재산에 대한 피해를 최소화해야

49 Patrick Tucker, "NSA Chief: Rules of War Apply to Cyberwar Too," Defense One, April 20, 2015.

하고, 협상이 실패한 뒤에 사용하는 최후 수단이어야 한다는 것이다. 육군의 사이버 전사들에게 지켜야 할 윤리적 지침들을 가르치는, 최고의 사이버전 교육기관인 미 육군 사이버 센터(Cyber Center of Excellence)의 센터장은 "우리는 빛의 속도로 이루어지는 의사결정의 세계와 매우 복잡하고 앞이 제대로 보이지 않는 환경으로 들어가는 우리의 젊은 군인들에게 너무 많은 것들을 요구하고 있다"라고 걱정한다.[50]

전자기 스펙트럼, 특히 라디오 주파수 영역에서의 분쟁은 약간 다른 쟁점이 있다. 현대의 모든 군대의 지휘 통제 체계와 거의 모든 무기는 첨단 전자장치들을 사용한다. 윌리엄 포스첸의 2009년 소설 일초 후(*One Second After*)는, 핵무기 폭발에 의한 비폭풍성 전자기 펄스 효과에 관해 설명했다. 순간적으로 미국 전역의 거의 모든 전자기기가 불능화되었고, 세계는 암흑과 혼돈에 빠졌다.

다행히도 조금 덜 파괴적이고 조금 더 정밀하게, 원하는 전자장비만을 방해하거나 파괴하는 방법들이 있다. 미 공군은 표적 위에서 폭발했을 때 화염을 동반하는 폭발, 강력한 압력, 그리고 파괴를 일으키는 강철 파편을 만들기보다, 정해진 반경 안의 모든 전자기기를 고장 나게 하거나 파괴하는 고출력 전자기 라디오파 펄스 생성 무기를 설계하고 만들었다.[51] 그런 기술과 무기체

---

50 Sandra Jontz, "Cyber Ethics Vex Online Warfighters," *Signal*, January 1, 2016.

51 George I. Seffers, "CHAMP Prepares for Future Fights," *Signal*, February 1, 2016.

계의 설계 및 특성은 비밀로 철저히 관리되는데, 이는 적들이 알게 되면 효과적인 대응책을 개발할 수 있기 때문이다. 보안뿐만 아니라 안전의 이유로 그 무기들의 시험은 외부의 감시와 시선들로부터 자유로운 격리된 장소에서 이루어진다. 군에서 나의 업무 대부분이 첨단 전자시스템과 밀접하게 관련되어 있었기 때문에 나는 그것들에 대해 큰 관심을 가졌다. 한 가지 기억에 남을 만한 사건으로는 헬기를 타고 미국 서남부의 멀리 떨어져 있는 사막의 어느 기지를 방문했을 때였다. 거기서 나는 잠시 후에 깜박거리다가 완전히 기능이 정지될 모든 전자시스템을 자세하게 관찰해 보라는 이야기를 들었다. 그것으로 끝이었다. 폭발도 없고, 섬광도 없이 시연이 끝났다. 그런 것이 미래전의 세계다.

미군은 평화유지, 군중 통제, 해적 단속, 그리고 인도적인 임무 등의 상황에서 살상 무력 이외의 다른 수단의 사용을 고려해야 한다. 화학물질, 소리, 전자장비, 레이저, 그리고 라디오 주파수 기기와 같은 비살상 무기체계들이 상황에 맞게 선택 가능한 수단들이다. 어떤 군함에는 해적을 퇴치하기 위해 참을 수 없는 큰 소리의 음파를 발생시키는 장비들이 탑재되어 있다. 군 검문소에는 눈이 멀지는 않지만, 매우 눈부시게 만드는 레이저를 설치했다. 이런 비살상 무기체계는 적에게 고통을 가하거나, 적을 움직이지 못하게 하거나, 전투 능력을 상실시키는 것을 목적으로 한다.

전쟁 사망자 발생에 대한 거부감이 커지는 시대에 비살상 무기체계는, 전투원들과 비전투원들이 필연적으로 섞여 있는 오늘날의 분쟁에서 특히 매력적인 대안을 제공한다. 예를 들어, 민간인들을 인간 방패로 사용하는 상황이나, 점차 증가하는 테러범들의 잦은 인질 억류 상황에서는 특히 그렇다.

그러나 윤리학자들과 군사 전략가들 모두 비살상 무기체계 사용에 있어서 똑같이 우려하는 점이 있다. 많은 비살상 무기들이 의도적으로 표적을 특정하지 않는다는 것은, 그것이 어떤 특정 지역 내에 있는 모든 사람에게 영향을 준다는 의미이다. 2002년 체첸의 테러범들은 모스크바의 한 극장에서 수많은 인질을 붙잡고 있었다. 러시아 특수군은 극장을 급습하여 많은 희생자를 발생시키는 위험을 감수하는 대신에 환기통으로 진정제를 투입하였다. 하지만 불행하게도 그 약물은 테러범들뿐만 아니라 많은 인질들에게도 치명적이었다.[52]

어떤 무기는 특정 차량에 에너지 펄스를 발사하여 엔진을 멈출 수 있다. 생물학 무기는 차량에 있는 고무 또는 금속 부품들을 공격할 수 있다. 사람에게 사용되도록 설계된 군중 해산 기기는 "고통의 빛(pain ray)"으로 알려진 능동거부체계(the Active Denial System)를 가지고 있다. 고에너지 라디오 주파수 대역의 마이크로

---

52 역자 주: 실제로 사용된 가스는 마약성 진통제의 일종인 '펜타닐'과 '할로세인'으로 알려져 있는데, 이는 미비의 질식을 일으킬 수 있는 매우 위험한 물질이다. 실제로 진압 작전 전후 질식사한 인질들이 많았다는 점은 이 물질의 위험성을 잘 설명해 준다. 따라서 이 물질의 사용을 '비살상무기'로 봐도 되는지는 더 생각해볼 문제이긴 하지만, 원문을 왜곡하지 않기 위해 본문을 수정하지는 않았다.

파 발생 장치와 조준용 안테나로 구성되어 트럭에 탑재되는 이 체계는 공군연구소가 개발했다. 거기에서 발사되는 빔은 피부의 표피 수분을 가열하여 지속되지는 않지만, 순간적으로 극심한 고통을 유발한다. 이 체계는 매우 효과적이기는 하지만 교전 규칙이 정해지지 않아 한 번도 실제 작전에 배치된 적은 없다. 만일 표적들이, 많은 사람이 속에 갇혀 움직이지 못하면 어떻게 되겠는가? 어린 아이들이 있는 경우는 어떻겠는가?

9·11 이후에 고급 지휘관들에게는 군부대의 방호와 군 기지의 안전이 매우 중요해졌다. 기지 방어를 위해 능동거부체계를 사용하는 것의 가능성을 타진해 보기 위한 초기 개발 단계에서, 공군연구소를 방문해서 능동거부체계를 직접 사격해 보고, 스스로 표적이 되어보는 기회를 얻었다. 거리측정기를 통해 조준하고 방아쇠를 당겼을 때, 나는 전기충격 장치 소리나 모터가 도는 소리 같은 것을 듣게 될 것이라고 예상했다. 하지만 들리는 것은 주변 전자기기의 윙윙거림, 차량 속의 에어컨 소리, 그리고 숨을 곳을 찾아 달려가는 표적(자원봉사자)들의 소리뿐이었다. 그것은 매우 위력적이고 효과적인 장비였다.

레이저 무기는 과학적 허구와 실험실의 탐구 영역에서 실제 군 무기체계로 빠르게 발전하고 있다. 수년간 공군은 탄도미사일들을 방어하기 위하여 거대한 비행기에 탑재할 고출력 화학 레이저를 연구하고 시험해 왔다. 보다 최근에 (거대 비행체보다) 좀 더 작은 크기의 C-130 비행기에 탑재된 더 작은 크기의 화학 레이저를 개발하여 트럭 크기의 지상 표적들을 파괴하는 실험을 성공적으로 수행했다. 최근 해군은 해상과 공중의 위협에 대항하기 위한 방어용으로 USS *Ponce*호에 레이저 체계를 장착했다. 또한, 육군도 지상 기지에 대한 박격포 공격과 드론 공격에 대한 방어 용도로 기동형 지상 기지 레이저를 시험하고 있다. 레이저는 조용하고 맨눈으로 보이지 않는다. 들리는 소리는 오직 빔의 강력한 열에 의해 파괴되는 비행기와 미사일의 폭발 소리뿐이다.

적의 영토로 진입에서 미군 항공기는 아마도 제공권을 누리지 못할 것이고 대공 미사일의 공격에 취약할 것이다. 공군 연구원들은 이런 미사일들에 대항하여 자체방어용으로 사용할 수 있는 더 작은 전투기용 고체 레이저를 개발하고 있다. 고체 레이저는 액체 또는 기체를 담는 거대 용량의 용기 대신에 고체 레이저 물질을 사용하기에, 전력을 사용해서 이 고체 물질만 작동시키면 된다. 당연히 이 방어체계는 자동으로 탐지하고 교전하도록 설계된다.

미국과 다른 선진국들은 모두 거대 지상 기지 레이저를 시험하고 있다. 그것들은 고정된 위치에 있고 숫자도 얼마 되지 않으며 대상 표적들이 다양한 고도와 궤도를 가지고 있어서 무기로서 잠재적인 효과성이 심각하게 제한된다. 그러나 이 지상 레이저는 인공위성 탐지와 식별을 위한 첨단 광학장비로서 훌륭히 사용될 수 있다. 뉴멕시코의 커틀랜드 공군 기지에 있는 스타파이어 광학 관측소(Starfire Optical Range)를 방문했을 때 나는 과학자들이 광학 켤레(Optical Conjugate)라는 기술을 사용해서 난기류와 미립자들로 가득 찬 대기 상태에도 불구하고 지구 주위를 돌고 있는 인공위성의 사진을 매우 선명하게 촬영하는 것을 보았다. 관측소의 수석과학자는 레이저가 대기의 난기류를 감지하고, 수백 개의 피스톤 같은 장치를 조정하여 초당 수천 번씩 시스템의 거울들을 변형시켜서 난기류로 인한 왜곡을 제거한다고 설명했다. 한때 냉전 기간에 외부로 유출되지 않도록 지켜온 비밀이었지만, 이 적응광학 기술은 군대와 천체물리학계 모두에게 꼭 필요한 기술이 되었다.

냉전이 끝난 뒤에 미국은, 적이 전략무기를 사용하지 못하게 할 수 있는, 결정적으로 방어가 되지 않는 비핵무기를 원했다. 군사 혁신 분야인 극초음속 무기와 극초음속 운반체 기술이 빠른 속도로 발전했다. 이런 무기체계는 공격 대상이 방어를 준비하기 이전에 표적에 도달할 수 있다. 미군은 최근에 극초음속 무기 개발과 함께 극초음속 운반체를 개발하고 있다.

오늘날의 순항미사일은 아음속의 속도로 비행하는 반면에 극초음속 무기들은 음속의 5배 또는 그 이상으로 날 수 있다. 새로운 극초음속 운반체는 센서, 장비, 또는 무기들을 수송하는 데에 이용될 수 있을 것이다. 미래전에서는 여러 대의 미사일들이 적의 영토를 향하여 음속의 10배에서 20배의 속도로 날카로운 쉿 소리를 내며 날아갈 것이다. 각각의 미사일은 핵미사일 발사대, 군사 레이더, 잠수함 기지, 또는 지휘 통제센터와 같은 고가치 표적들을 조준할 것이다. 몇 분 이내에 상대방의 전략적 역량의 대부분이 핵무기 공격 없이도 파괴될 것이다. 지휘부는 눈이 멀고, 귀가 막히고, 명령을 못 내리고, 결국엔 대응할 능력을 잃게 된다. 미국에서 개발될 이 무기는 날아가는 로켓 위에서 방출되는 초음속 추진 글라이드 운반체 형태가 될 것이다. 이런 운반체들은 어마어마한 속도로 기동할 수 있기에 재래식 미사일 방어체계로는 격추할 수 없다.

높은 궤도의 인공위성은 적외선 기술을 사용해서 지구 표면을 쉴 새 없이 관찰 및 추적할 수 있으므로 거의 모든 곳에서 미사일 발사를 탐지할 수 있다. 미국 미사일 경고 통제센터에서 미사일 발사가 탐지되면 즉각적으로 경고 신호를 보낸 후 즉각 조치 요원들이 행동에 들어간다. 시스템 대부분은 발사를 사전에 경고하기도 하고, 위협적이지 않은 미사일들을 식별해 낸다. 우리가 소련으로부터 핵 공격을 걱정했던 냉전 시기에는 탄이 떨어지기 이전에 반격할 것인가 또는 공격을 회피할 것인가를 결정하는 지휘권 발동까지 고작 10분에서 30분 정도의 시간이 주어졌다. 핵 공격의 위협이 상당히 감소한 요즘 우리가 직면한 문제는, 탐지된 발사체가 핵미사일이냐 아니면 초음속 활공 운반체이냐를 아는 것이다. 거대한 미사일 위에서 발사되는 초음속 운반체는 ICBM 발사나 핵무기 재진입으로 오인될 수 있는 가능성을 안고 있다. 우리가 그것이 무엇인가를 알기 위해 지켜보기만 하면서 시간을 허비해도 되는가? 아니면 즉각적으로 대응해야 하는가? 고출력 레이저 무기들과 컴퓨터 공격처럼, 극초음속 미사일들과 운반체는 기술의 발달에 따라 운용자도 계속 작전 역량을 발전시켜 나가야 한다는 부담으로 작용할 것이다. 의사결정을 위한 아주 짧은 시간만이 주어질 것이고, 이는 점점 더 기계에 대한 의존성을 키울 것이다. 다행히도 지휘센터에 있는 젊은 남녀들은 그와 같은 상황에 직면하지는 않는다. 하지만 우리 고위 지휘관들은 그렇지 못할 것이고, 적들도 같은 상황에 놓일 것이다.

우주는 군사적으로 그 중요성이 더 강조되고 있는 작전 영역이다. 미국은 우주체계들에 크게 의존하고 있고, 우리의 적들도 그것을 알고 있다. 중국과 러시아가 대(對)인공위성체계를 연구하고 시험하고 있다는 첩보가 있다. 미국도 1980년대에 오래된 인공위성 중 하나를 향해, 고고도 전투기에서 미사일을 발사하는 대(對)인공위성체계를 시험하였다. 중국은 2007년에 그들의 인공위성 중 하나를 격추하면서 그 역량을 과시했다. 물론 이는 엄청난 우주 파편을 발생시켰다. 2008년에 우리의 첩보 위성 중 하나가 발사에 실패하면서 지상의 안전에 대한 우려를 낳았을 때, 미 해군은 '불타는 성에 작전(Operation Burnt Frost)'을 펼쳐 오작동하는 위성을 공해상으로 추락시켰다. 미군과 정보 당국자들은 외국의 체계들이 미국 위성들에 너무 가깝게 근접하는 경우가 빈번하다는 말과 함께, 우주 기반(우주에서 발사되는) 대(對)인공위성체계에 대해 큰 우려를 하고 있다. 2014년 7월에 공군은 두 대의 인공위성들을 발사했는데, 이들은 정지 궤도상에서 위성들을 바라보며 군의 중요 통신과 미사일 경보 위성들의 모선 기능을 하도록 설계되었다. 우주는 예전과 달리 더 이상 성역이 아니다(그림 12).

그림 12. 지상 레이저포를 이용한 인공위성 파괴 장면

증가한 복잡성

기술 개발과 적용 속도가 점점 빨라지며 사회와 군대에 엄청난 발전을 가져다주었다. 그러나 급속한 기술 성장은 그 자체로 윤리적 문제를 일으킨다.[53] 2000년에 타임스지 기고가 스튜와트 브랜드는 기술 혁신의 폭발 이전에 "너무 급속한 변화는 깊은 분열을 초래할 수 있다. 만일 오직 엘리트층만이 따라갈 수 있다

53 Stewart Brand, "Is Technology Moving Too Fast?," *Time*, June 19, 2000.

면, 나머지 우리는 세계가 어떻게 돌아가는지에 대하여 따라잡지 못하고 점점 혼란스러워질 것이다"라고 썼다. 그가 말했듯이 "우리는 자연 생물학을 있는 그대로 이해할 수 있다. 왜냐하면, 그건 항상 그대로 있기 때문이다. 그러나 만일 양자 컴퓨팅 또는 나노 기술의 세부사항이 점점 더 발전한다면 우리가 어떻게 그 기술들을 이해할 수 있겠는가?"

사람들은 이해할 수 없어서 그냥 포기할 것이다. 이것은 매우 불행하고도 위험하다. 평범한 시민들과 의사결정권자들은 그들이 사용하고 싶어 한다면, 회사가 제공하는 기술을 의문 없이 받아들이지 말고 그 기술들을 이해하려고 최소한의 시도는 해봐야 한다. 유비쿼터스 개인 전자장비들은 이미 개인의 행동을 근본적으로 변화시켰다. 자율주행 차량 또는 인공지능의 사회적 영향은 무엇일까? 우리의 선택은 어떤 환경적인 결과를 가져다줄까?

만일 이 복잡함이 몹시 나쁘게만 느껴지지 않는다면 컴퓨터 과학자 대니 힐스가 언급한 것처럼 우리는 "얽힘(entanglement)"의 시대로 착실히 이동하고 있다는 것이다.[54] 그가 정의하듯이 얽힘은 모든 것들이 그 어느 때보다 연결된 것뿐만 아니라 더 복잡해진다는 사실을 표현한 것이다. 개인의 행동은 계산될 수 있고 예측 가능한 방법으로 반응하는 반면에 집단의 행동은 너무 복잡해서 계산할 수 없을 것이고, 사회 전반에 대한 이해는 아무리 시도

54 Samuel Arbesman, "It's Complicated," *Aeon*, January 6, 2014.

하더라도 불가능할 것이다.

결국, 시스템들이 극도로 복잡해지겠지만 마지막에는 그것에 적응하게 될 것이다. 이런 시스템들은 시스템이 운영하는 환경으로부터의 피드백에 따라 변할 것이다. 복잡 적응계의 전형적인 사례들은 전 세계 경제 네트워크, 주식 시장, 뇌와 면역체계, 인간의 사회적 집단행동, 그리고 테러범들 네트워크 등이 있다. 미래 무기체계에서 매우 기본적인 인간과 컴퓨터의 상호작용, 복잡한 인터넷과 사이버 공간 또한 이에 속한다.

선진국들과 신흥 국가들, 우리의 적들 모두 미래 전장의 복잡성을 기회로 활용할 것이다. 그들은 선진 기술들과 무기체계를 이해하는 것의 어려움을 충분히 잘 알 것이고, 그래서 틀린 데이터를 제시하거나, 우리 시스템을 해킹하거나, 혹은 우리 스스로 우리가 가진 것의 진실성을 의심케 하는 방식으로, 시스템 이해의 모호성을 충분히 이용할 것이다. 그렇게 함으로써 우리의 의사결정에 불확정성의 씨앗을 뿌려 우리를 괴롭힐 것이다. 또한, 우리가 시급하게 적용하려는 기술들을 똑같이 받아들이려 할 것이고, 그리하여 적들은 우리가 얼마나 첨단기술 체계에 의존하고 있는지에 대해 충분히 알게 될 것이다.

미래 전장은 놀라움으로 가득 차 있거나, 또는 전 국방부 장관인 도널드 럼스펠드의 말처럼 “모르는 것이 있다는 것을 모르고 있음(Unknown unknowns)”일 것으로 예측할 수 있다. 우리는 당연한 결과가 될 치명적인 딜레마에 대해 준비되어 있는가?

2장

우리는 지금까지 어떻게 왔는가

2장

우리는 지금까지 어떻게 왔는가

우리의 군집 벌떼 드론이 뒤따라 올 전투기들과 폭격기들을 준비시키기 위해서 강력하게 방어된 적국 안으로 항로를 따라 운항하면서, 장애물들이 있을 것으로 예측하지 않았던 도시들과 마을들의 상공을 지나간다. 갑자기 드론에 장착된 감지기들이 농가, 쇼핑몰, 그리고 호텔이 있는 인구 밀집 지역에서 많은 수의 대공 레이더들을 식별한다. 드론들이 지상 화력에 의해 개별적으로 표적이 되어 파괴되어감에 따라 지휘권도 차례로 이양된다. 한 대가 파괴되면 다른 드론이 자동으로 (지휘를) 맡는다. 대응 사격은 민간인들의 희생을 우려해서 금지되었다. 그들의 전투력이 심각하게 감소하는 것을 우려한 리더 드론은 인간 조정자에게 교전 권한을 요구하려고 시도했으나, 강한 전파방해로 좌절된다. 인간과 소통이 불가능해지자 리더 드론은 결정 권한을 행사하고, 드론 무리는 지상 민간인들의 존재를 무시하고 모든 지상의 위협들을 파괴한다. 총 교전 시간은 90초다. 그 사이에 적의 비밀공작원들은 10여 개 국가로부터 워싱턴, 뉴욕, 휴스턴, 로스엔젤레스, 샌프란시스코로 입국하는 민간항공기들의 공기 환기시스템 속으로 치명적이면서 천천히 작동하는 병원균들을 주입한다. 그 결과 발생하는 급속한 전염병은 사람들 사이에 혼돈과 공포를 일으킨다.

기원전 49년에 율리우스 카이사르는 그의 군단을 루비콘강 건너 남쪽 로마로 이끌었다. 그렇게 함으로써 그는 고의로 로마 원로원의 의지에 대항하는 중죄를 저지르고 무력 충돌을 일으켰다. 그 강을 건너면서 카이사르는 "주사위는 던져졌다(alea iacta est)"라는 유명한 문장을 이야기했다. "루비콘강을 건넌다"라는 표현은 지금은 일반적으로 '돌이킬 수 없는 위험한 행동을 저지른다'는 의미로 사용된다. 기술이 앞서 나아가면서, 그리고 전쟁이 점점 더 컴퓨터와 컴퓨터화된 기계에 의해 조정되거나 생물학과 유전학의 영역에 들어섬에 따라, 우리는 알지도 못한 채 어떤 루비콘강에 다가가고 있을지도 모른다.

이전 시대의 리더들이나 의사결정권자들 또한 그들 시대의 새로운 분쟁들과 기술들을 이해해야 하는 어려움이 있었다. 어떤 전쟁사를 읽더라도 전쟁의 진화는 무기, 통신, 또는 수송 등 기술 발전에 크게 의존했다는 것을 알 수 있다. 화약의 등장, 무선 라디오의 사용, 그리고 장갑 차량의 이용은 전술을 완전히 바꾸었다. 물론, 핵무기는 모든 것을 바꾸었다.

과거 전쟁

우리가 싸워왔던 분쟁의 형태는 중세와 17~18세기의 틀에 박힌 전투들과 1차 및 2차 세계대전의 군대끼리 교전으로부터 게릴라전, 폭동, 인도적 간섭, 내전, 그리고 시간과 장소가 예측 불가능한 전 세계적인 테러와의 전쟁으로 진화하였다. 지난 20세기 중반부터 전 세계적인 전쟁은 국가들뿐만 아니라 비국가적 활동 세력들과 이해관계 집단들이 개입된 변화무쌍하고 복잡한 조합의 분쟁들로 대체되었다. 어떤 사람들은 이것을 "비대칭 전쟁(asymmetric warfare)"으로 명명하였고, 또 다른 사람들은 새로운 전쟁의 형태를 "4세대 전쟁"으로 묘사하였다. 이런 기준에서 1세대 전쟁은 포병과 대규모 보병들을 이용한 밀집대형 전투로 특정할 수 있다. 대규모 산업동원, 막대한 파괴력의 화력, 그리고 대량 손실은 2세대 전쟁을 정의한다. 3세대 전쟁은 정면 공격보다도 게릴라전, 태업과 같은 모든 종류의 파괴 전술이다. 오늘날 4세대 전쟁은 테러와 다른 불법적인 전술들을 이용하여 정치적 및 문화적 표적들을 공격하는 것인데, 기존의 군사 작전과는 완전히 다른 양상을 보인다.

과거에 군대가 전장에서 만나면 활과 화살로 교전하고, 한쪽의 승리가 드러날 때까지 근접전을 치렀다. 마지막 대규모 분쟁이었던 세계대전에서는 어마어마한 양의 물자를 투입해서 헤아릴 수 없이 많은 사람이 방대한 지역에서 대면한 상태로 대적했다. 1944년 6월 6일, 그날의 노르망디 상륙작전은 15만 명 이상의

그림 13. 1944년 6월 6일 제2차 세계대전 노르망디 상륙작전

연합국 군인들과 2만 대 이상의 비행기와 군함이 투입되었다(그림 13). 핵무기의 등장과 냉전의 시작으로 세계 강대국들은 억제되지 않은 폭력을 꺼리게 되고, 소규모의 지역적인 분쟁이나 종종 그들이 지원하는 대리자들을 통해서 싸우는 것을 선택했다. 다행히도 전쟁 사망자의 수는 꾸준하게 감소해 왔으나 전쟁의 잔혹성은 변하지 않았다.[1] 여전히 고통받고 죽는 사람들의 숫자가 통계적 수치로만 작아진 것에만 위안을 삼을 수 있을 뿐이다.

---

1 Colin Schulz, "Globally, Deaths from War and Murder Are in Decline," *Smithsonian*, March 21, 2014.

한국에서 우리는 공산주의자들이 반도의 남쪽을 차지하지 못하도록 고전적인 군대 대 군대의 전투형태로 싸웠다. 우리는 다시 "공산주의의 전파를 저지"하기 위해 베트남전에 개입하면서 고전적인 전술과 장비를 이용하려고 시도한 반면에, 북베트남인들과 베트콩은 우리가 미처 대비하지 못한 게릴라전을 펼쳤다. 1983년에 미국은 공중강습과 특수부대를 이용하여 카리브해의 작은 섬나라 그라나다를 침공했는데 그라나다의 혁명정부를 몰아내고 미국이 선호하는 정부를 세우려는 목적이었다. 1989년에는 파나마의 독재 대통령이 미국에 전쟁을 선포했고, 미국은 "민주주의와 인권을 수호"하기 위해서 파나마 공화국을 침공했다. 1991년 걸프전에서 대규모 병력과 비행기, 중장갑 차량으로 무장한 미국 주도 다국적군이 쿠웨이트에 개입했는데, 그것은 쿠웨이트를 침공한 사담 후세인 군대를 추방하기 위해서였다. 1992년에 유엔의 후원 아래에서 작전을 벌인 미국은 "인도적 구호작전을 위한 안전한 환경을 가능한 한 빠르게 구축하기 위해 모든 필요한 수단을 사용"하면서 소말리아에 개입했다. 1995년 보스니아에서, 다시 1999년 코소보에서 미국과 나토동맹국들은 대량 학살을 방지하기 위해 개입했으나, 군사력 활용은 공군력 운용만으로 제한했다. 지형과 군수지원의 이유로, 미국은 아프가니스탄에서 탈레반 캠프들을 찾아서 파괴하기 위하여 특수전 부대와 강력한 공중공격을 운용하였다. 2003년 이라크 침공에서, 미국은 바그다드를 전광석화처럼 점령하는 데에 대규모 공중공격을 이용하고 다시 지상군과 기갑부대를 운영하였다. 불행하게도 우리는 우리가 초전에서 승리를 거둔 다음에 무엇을 해야 하는지에 대해 계획하지 않았다.

이제 우리는 정규전은 아니지만, 국가들 사이의 전통적인 재래식 분쟁을 조금은 닮은 이른바 복합 전쟁 또는 "회색지역(gray zone)" 분쟁에 직면해 있다. 미국 특수전사령부에 의해 정의된 "회색지역" 안정화 분쟁은, 그 분쟁 본질의 모호함, 개입된 당사자들의 불분명함, 또는 정책과 규칙의 불확정성으로 규정된다.[2] 이는 평화를 위해 우리가 그동안 참전해 왔던 전쟁의 틀과는 들어맞지 않는다. 러시아의 크림 합병, 이슬람 국가의 봉기, 나이지리아 보코하람의 테러 작전과 같은 분쟁들은 전복, 소셜미디어를 통한 불안감 조성, 파괴적인 사이버 공격, 그리고 식별 가능한 군대가 아닌 익명의 참여자들 등이 그 특징이다. 마찬가지로 미래의 위협은 복잡할 것이고 그에 따른 복잡한 대응을 요구할 것이다.

기술과 무기

인간은 언제나 같은 인간을 죽이기 위해 말로 다할 수 없는 이유와 모든 종류의 방법들을 찾아냈다. 기술은 좀 더 쉽게 그런 탐구를 가능하게 해주었다. 19세기, 기술의 폭발적 성장은 어쩌

---

2 Philip Kapusta, "Gray Zone," *Special Warfare* 28, no. 4 (October-December 2015): 18-25.

면 전쟁으로 인해 가능한 것이었다. 미국에서는 남북전쟁이 끝난 뒤에도 정부 지원 무기산업이 지속해서 발달하였다. 미국의 산업, 과학, 그리고 응용기술은 결국 군수산업에 의해 개척된 혁신의 덕을 매우 크게 봤다.

특히 20세기와 21세기에 선진국들은 기술이 가져다주는 이점들에 현혹되었다. 사회의 진보는 전기와 같은 기술의 혁신이 뒤따라 왔었고, 사회의 요구는 농업에서와 같이 기술의 발전을 이끌었다. 군대와 무기에도 마찬가지다. 핵무기, 스텔스 기술, 그리고 위성항법은 근본적이고 영구적으로 전쟁의 본질을 변화시켰다. 요즘은 민간 기술과 군사 기술들이 좀 더 복잡해지고 더욱 밀접한 관계가 되어 간다. 또한, 기술발전의 결말은 훨씬 더 예측할 수 없어질 것이 분명하다.

전쟁은 전투에 이용된 기술과 그것을 사용하는 군대의 요구에 따른 기술의 변화로 인하여 시간이 지나면서 꽤 많이 변해왔다. 장궁의 출현으로 에드워드 3세는 신기술을 등장시켰을 뿐만 아니라 그의 군대 조직과 전술 또한 수정했다. 전장에서 기관총의 등장은 군사 방어전략을 극적으로 변화시켰다(그림 14). 핵무기는 거의 완전히 새로운 군대를 만들었다. 사회와 분리된 군대 문화는 그 무기들을 보호하는 것으로, 그리고 그 무기들이 잘 작동할 수 있게 보장하는 방향으로 발전했다. 군 복무의 일부로서 전쟁은 더 이상 싸우는 것과 이기는 것이 아니고, 오히려 그런 가공할 무기들의 사용을 피하면서 위협을 가하는 것이 되었다. 그런데도 핵 역량을 갖춘 국가들은 핵 주도권을 추구해야 하는 강박

그림 14. 맥심 기관총

감을 느껴서 더욱더 강력한 무기에 거액을 지출하고 있고, 어떤 국가도 핵전쟁을 원치 않기 때문에 그들 국가는 계속해서 재래식 무기들 또한 늘리고 있다.

옛날부터 도구와 재료의 발전은 무기를 강화했고, 군대에는 승리를 안겨줬다. 예를 들어, 강철의 개발은 먼저 도와 검, 나중에는 광범위한 다른 무기들의 설계와 제작에서 막대한 혁신을 가능하게 했던, 전쟁사에서 분수령이 되는 사건이었다. 통치자들과 군대 지휘관들은 과학과 공학의 발전을 지원해 왔다. 과거 왕과 여왕은 왕립 과학협회를 후원했고, 요새화를 위한 토목공학과 탄도과학과 같은 많은 기술이 군사적 목적으로 추구되었다. 영국의 왕립학회에서 최초로 제시한 것 중 하나는 화약을 다루는 과학이었고, 심지어 17세기 찰스 1세는 런던에 자신의 무기실험실을 소유했다.[3] 오늘날 미국 대통령들은 다양한 군사 기술에 조언을 받기 위해 과학자들로 구성된 자문단을 운용한다.

과학과 기술 연구 활동이 활발한 기업들을 가진 국가는 군사적 성공을 누려왔으며, 야망을 품은 국가들은 성공한 국가들의 접근법을 모방하려 한다. 최근 중국의 경이적인 과학기술 발전이 첨단 무기에서 발전도 견인하고 있음을 볼 수 있다.

중요한 전투 기술, 과거와 현재

무기의 개발은 1972년 스테판 제이 굴드와 나일스 엘드리지에 의해 소개된 인간 진화의 개념인, 진화 생물학자들이 "단속 평형이론(punctuated equilibrium)"이라고 부르는 것과 유사한 길을 따라간다.[4] 생물학자들의 이론에 따르면 종들은 오랜 기간에 느리게 진화하다가 어느 지점에서 갑작스러운 급속한 성장을 하고, 다시 느린 성장의 긴 기간이 뒤따른다는 것을 볼 수 있다. 이와 유사하게 어떤 무기 기술이 일단 등장하면 오랫동안에 걸쳐서 조금씩 향상되고, 그런 다음 갑자기 또 다른 기술이 생겨서, 중요한 새로운 역량을 추가하고 전장을 근본적으로 변화시킨다. 즉, 질서 있

---

3 Brenda J. Buchanan, ed. "Editor's Introduction," in *Gunpowder, Explosives, and the State: A Technological History* (New York: Routledge, 2006).

4 "Punctuated Equilibrium", Evolution Library, PBS, http://www. pbs.org/wgbh/evolution/library/03/5/1_035_01. html.

는 선형적 발전 과정은 순간적으로 도약하여 불연속성을 만든다.

사람들은 처음에는 막대기와 돌멩이로, 그다음 도와 검으로, 이어서 화살과 창으로, 천년 넘게 발전을 거듭하며 싸웠다. 화약과 폭약의 등장은 전장의 살상 면에서 단절이라 할 수 있는 극적이고 급격한 변화를 나타냈다. 그런 다음 군인들은 총탄, 폭탄, 그리고 대포를 만들면서 수 세기 동안에 그들의 기술을 향상했다. 기관총과 현대의 대포는 살상력에서 예전의 소총이나 대포와 매우 다르지만, 그것들은 단지 같은 기술이 향상된 것뿐이다.

현대 시대에 전투 역량에 있어서 여러 주목할 만한 불연속적인 도약이 있었다. 잠수함의 등장은 해전에서 어마어마한 불연속점이다. 수중 운반체가 여러 해 동안 제대로 발달하지 못한 형태로 지체되어 있던 사이에, 독일은 U보트를 개발하고 배치하여 1차 세계대전과 수반되는 분쟁들의 양상을 극적으로 변화시켰다(그림 15). 그 시대의 기술 관점에서 잠수함의 운행 조건들은 가혹하고 종종 위험했다. 2005년에 나는 핵 추진 로스엔젤레스급 공격 잠수함인 USS 몬트필리어(Montpelier)에 탑승하여 최신 잠수함의 발전된 추적 기술과 비교적 편안한 시설을 직접 경험했다. 이런 공학적 경이로움은 스텔스, 고출력 컴퓨터, 그리고 치명적이게 정확한 어뢰들의 집합체이다. 다른 최신 잠수함은 대륙간탄도미사일(ICBM) 발사 능력이 있다. 초기 잠수함으로부터 발전한 것은 매우 놀랍지만, 결국 그것들도 여전히 잠수함이다.

수 세기에 걸쳐서 군대는 전술을 완벽하게 다듬고 군수지원과 전투를 위해 말을 이용하여 기동성을 향상시켰다. 전장에서

그림 15. 히틀러의 헝가리 손님인 호시(Horthy) 섭정 제독을 위해 전시된 독일 U보트
출처: Everett Collection / Shutterstock.com

첫 장갑 차량의 등장은 전투 역량에 있어서 불연속점이었다(그림 16). 군사전략가들이 처음에 장갑 차량과 탑승한 보병의 통합운용 및 장갑 차량의 운용 방법을 알아내기는 쉽지 않았다. 그때부터 전장에서 장갑 차량들의 유용성은 여러 차례 입증되었다. 2차 세계대전에서 패튼 장군이 이끌던 대규모 전차전과 중동전쟁에서 결정적인 기갑전은 전장에서 전차 중요성의 증거들이다. 1차 세계대전이 끝난 지 100년 후에 나는 텍사스 포트 후드에서 M1 에이브람스 전차를 몰고 시속 45마일로 울퉁불퉁한 도로를 달리면서 주포를 쏴서 명중시킬 수 있었다. 오늘날의 장갑 차량에 장착된 살상을 위한 조준, 안정화 기술, 그리고 장갑 보호는 과거보다

그림 16. 1차 세계대전 1918년 8월 21일부터 9월 3일까지 전투가 있었던 프랑스 바포움(Bapaume)의 영국군
출처: Everett Collection / Shutterstock.com

훨씬 좋기는 하지만, 결국 그 차량은 여전히 전차일 뿐이다.

2차 세계대전에서 독일의 V-1, 또는 이른바 버즈 폭탄, 그리고 V-2 로켓의 등장은 영국을 공포에 떨게 하였다. V-1은 순항미사일의 효시였고, V-2 로켓과 그 개발자 베르너 폰 브라운은 미국의 우주 프로그램과 탄도미사일의 개발에서 엄청나게 중요한 역할을 했다. V-2는 2천 파운드의 탄두를 운반할 수 있었다. 수직으로 발사되면, 그것은 고도 128마일까지 도달할 수 있었다. NASA는 현재 30층 건물 높이 이상의 크기와 지구 저궤도에 130톤을 끌어올릴 수 있는 로켓을 개발 중이다.

그림 17. 2차 세계대전 당시 프랑스에서 미 육군 9공군에 의해 손상되지 않은 채 발견된 독일의 V-1 로켓

영국의 레이더 발명과 미국의 레이더 발전은 오늘날까지 민간과 상업 운용뿐만 아니라 전장을 근본적으로 변화시킨 위대한 도약을 만들어 냈다. 브리튼 전투에서 대단히 중요한 역할을 했던 낮은 기술 수준의 레이더부터 지구 정지 궤도에 있는 인공위성을 관측할 수 있는 MIT 링컨연구소의 “Haystack” 레이더에 이르기까지, 긴 기술적 진보의 과정을 거쳐왔지만 기본 개념은 똑같은 레이더이다.

1960년대에 대중들에게 매우 흥미로웠던 민간 우주 프로그램[5]

5 Mulcahy, *Corona Star Catchers*.

그림 18. 2차 세계대전 중에 영국 해협을 건너는 항공기를 탐지하는 데 사용된 초기 레이더 반사경

은 사실 소련의 탄도미사일 프로그램을 관찰 추적하기 위한 첩보위성의 극비 개발을 위장한 것이었다. 자체 유도와 추진을 할 수 있는 탄도미사일과 재료 기술은 냉전 시대의 상징이다. 물론 20세기의 전투에서의 주요 기술발전은 핵무기와 열핵무기(핵융합 무기) 개발이다. 이런 무기들의 설계와 제작에 쏟아부은 공학 독창성은 믿기 힘들 정도다. 일본에 떨어뜨린 폭탄부터 현대의 핵무기까지 피괴력은 친 배 이상 증가했으니, 그것들 모두는 여전히 핵반응과 열핵 반응이다.

오늘날 인공위성 없이는 싸울 수 없다. 위성의 종류에는 기

그림 19. 지구 주위의 궤도를 도는 우주 위성, 3D 렌더링 (NASA 제공)

밀 영상 및 신호 위성, 레이더와 통신 위성, 기후 관찰 추적 위성과 위치 추적 인공위성 등이 있다. 군 지휘 통제를 위한 위성통신 소요의 80%가 상업 위성시스템에 의존하는 것을 포함하여, 상업 목적과 군사 목적, 암호화된 것과 암호화되지 않은 것 모두 위성 통신에 크게 의존한다(그림 19).[6]

전 세계의 모든 전술 미사일과 대륙간탄도미사일의 발사관찰 및 추적은 고고도 궤도시스템에 탑재된 정밀한 적외선 센서들에 의해 이루어진다. 위성 센서들은 지구 전체를 감시할 수 있어서 미사일 발사를 탐지하고 궤적을 계산할 수 있으며, 가능한 표

---

6 Rick Lober, "Why the Military Needs Commercial Satellite technology", Defense One, September 25, 2013.

적을 예측할 수 있다. 심지어 위성 센서들은 열 신호에 근거하여 미사일의 종류를 정확히 추정할 수도 있다.

개인 전자기기는 말할 것도 없고 많은 무기가 위성에서 전송되는 GPS(Global Positioning System)와 시간 정보가 없다면 효과적으로 작동할 수 없다. 사람들 대부분이 전기처럼 보편적이고 당연하게 생각하는 GPS는 바다에서 함선의 항해를 도와주는 시스템으로 출발했다. GPS는 군대의 항해 능력에 있어서 불연속적인 도약이었다.

야간투시 장비는 전쟁 수행방식을 근본적으로 변화시켰다. 군대 작전은 더 이상 주간에만 국한되지 않게 되었다. 부피가 큰 초기 단계의 적외선 영상기는 2차 세계대전 기간에 이용되었다. 최신 장비는 밤과 악기상 조건에서도 군사 작전을 가능하게 해준다. 군 조종사들은 이제 암흑 속에서도 아주 낮은 고도로 비행할 수 있다.

레이더의 움직임을 통해 관측 영상을 수학적으로 재구축하는 합성개구 레이더는 구름과 먼지 폭풍 속을 통과해서도 볼 수 있는 능력을 과시했다. 레이더 펄스파가 표적에 반사되서 안테나에 되돌아오는 데에 걸리는 시간 동안 그 장비는 표적 위를 이동하면서 중첩된 영상을 촬영해서 수학적으로 재합성한다. 레이더파는 일반 광학 카메라에 흐리게 보이는 것들을 투과할 수 있다. 레이더와 적외선이 적용된 첨단의 전술 미사일 추적 기술은 고도의 살상력을 지닌 공대공, 지대공, 공대지 미사일이 표적을 찾을 수 있게 해준다.

잠수함, 전차, 레이더, 미사일, 핵무기, 스텔스 기술, 드론, 정밀유도 무기, 야간관측 장비, 인공위성, 그리고 인터넷은 모두 전쟁 수행방식을 극적으로 변화시켰다. 각각의 기술은 다음 단계의 중요한 발전을 기다리면서 수년에 걸쳐서 선형적으로 향상되어 온 성능에서 극적인 변화를 나타냈다. 진화 생물학에서처럼, 무기 개발과 적용의 과정 역시 적의 위협이나 전장 상황과 같은 외부 자극들로 인해 발전해 가는 기술을 이용해서 수년간 순서대로 진행된다. 그러다가 비용이 과도해져 연속적인 향상에서 발전이 더디게 되는 지점에 도달하게 된다. 그 지점에 도달하게 되면 갑자기 어떤 혁신 또는 돌연변이가 발생하여 성능에서 불연속적인 도약을 일으킨다. 이전 장에서 논의된 새롭게 부상하는 기술들로 인하여 이제 우리는 불연속의 한복판에 있는 것처럼 보인다.

기술 유혹과 중독

언론학자이자 문화비평가인 니일 포스트만은 그의 저서 『테크노폴리(*Technopoly*)』에서, '문화는 기술로부터 권위를 추구하고 만족을 찾으며 질서를 취한다'라는 것을 의미하는 기술의 신격화에 관해 썼다.[7] 기술은 우리를 유혹한다. 게다가 일단 유혹되

---

7 Nancy Kaplan, "Postman", *Computer-Mediated Communication* 2, no. 3 (March 1, 1995): 23.

면 중독된다. 누군가가 어리석은 일을 하도록 하거나 다른 사람의 더 나은 판단을 무시하도록 설득한다는 의미를 가진, 보다 전통적인 의미에서의 '유혹'이라는 비유는 적절해 보이는데, 이는 많은 경우에 비슷한 과정과 이익을 주기 때문이다. 물리학자 로버트 오펜하이머는 미국 원자력위원회의 청문회에서 기술의 유혹을 다음과 같이 묘사했다: "여러분이 '기술적으로 달콤한' 어떤 것을 보았을 때, 여러분은 먼저 그것을 취하고, 기술적 성공을 차지한 뒤에야 무엇을 할 것인지 논쟁하게 될 것이다.[8] 그것이 원자탄과 함께했던 길이었다."

우리가 신무기를 개발하고 만들고 있는 동안 다음의 "달콤한" 것 또는 빛나고 반짝거리는 새로운 목표에 집중해 있을 것이다. 실제로 하나의 새로운 비행기 또는 함정을 배치하자마자 더 새로운 것에 대한 예산을 확보하려고 했던 것 같다. 실제 위협들에 대응하기 위해 새로운 시스템들이 필요하다. 또한 적이 가지고 있을 수도 있으므로 우리는 새로운 시스템이 필요하다고 생각한다. 어떤 때에는 단지 새로운 역량을 보고 그것을 가지려고만 한다. 나는 이런 현상을 새 인공위성 개발단계에서 보았다. 합리적인 설계로 시작된 것이, 너무나 많은 새로운 기능들에 대한 요구 때문에 프로젝트가 도저히 추진될 수 없게 될 때까지, 불필요하게 비싸지게 될 때까지, 또는 심지어 위성이 목적지에 도착

---

8 James A. Hijiya, "The Gita of J. Robert Oppenheimer", *Proceedings of the American Philosophical Society* 144, no. 2 (June 2000): 123-67.

하자마자 쓸모없어질 것 같은 상황에 이를 때까지, 프로젝트의 규모는 커지고 또 커진다. 첨단 인공지능, 자율 체계, 그리고 가상 물리 시스템[9]으로 향하는 길은 더욱더 기술의 유혹이 펼쳐져 있다.

기술은, 객관적으로 볼 때 항상 더 좋은 것을 약속하는 것 같은 환상에 빠지게 한다. 그리고 어떤 문제해결을 할 때는 주관적 사고를 거의 요구하지 않는 것처럼 보인다. 좀 더 좋은 성과를 원한다면 단지 더 나은 기술만 있으면 된다. 그러나 기술은 다른 대안을 찾으려는 생각을 못 하게 한다. 결과를 얻기 위해 규정이나 방침도 바꿔야 하고 여러 선택지 중 골치 아픈 선택을 해야만 하며 심지어 결과가 나올 때까지 시간도 오래 걸리는 다른 문제들과는 달리, 기술에 대한 반응은 매우 즉각적으로 나타난다. 그것이 기술의 매력 중 하나이다. 더 넓은 통신 주파수 대역을 요구하는 예를 보자. 우리가 전송하려는 정보를 수정하거나 줄이는 대신, 우리는 더 많은 전송 능력만을 요구한다. 대부분의 경우에 기술은 즉각적으로 우리의 요구를 만족시켜 준다.

전 미 중부사령부의 사령관이자 미군의 최상급 전투부대 사령관 중 한 명인 제임스 매티스 대장은 정밀 첨단 무기들과 통신 시스템들의 유혹적이지만 취약한 본성에 대해 자주 이야기했다.[10] 그는 전쟁은 인간들에 의해 저질러진 지저분하고 예측 불가

9 역자 주: 실제 환경(로봇, 기계 등)과 사이버 공간을 실시간 통합시키는 시스템

10 John Dickerson, "A Marine General at War", *Slate*, April 22, 2010.

능한 사건이며 기술 시스템은 언제든 실패할 수 있다고 경고했다. 그는 모든 부대급에서 지휘관들은 그런 실패에 대한 준비가 필요하다고 주장한다. 미 해군사관학교에서 10년 만에 처음으로 해사 생도들에게 수동 육분의를 이용한 항법을 교육에 다시 포함한 것이 바로 최근이었다(그림 20). 조종사들이 GPS 유도 없이 여전히 폭탄을 투하할 수 있을까? 군인들은 아직도 지도를 읽을 수 있을까? 매티스 대장은 전투 중에 만약 이런 시스템들이 고장 나면 병사들, 항해병들, 항공병들은 그것들 없이 생존해서 임무를 완수하는 융통성과 혁신성이 필요하다는 것을 지적했다.

기술은 중독성이 있다. 앞장에서 얘기했던 "상쇄"와 연구/개발에 만성적으로 막대한 예산이 투입된 것에서 알 수 있듯이, 군

그림 20. 요트 항해 중인 어느 여성이 육분의를 이용하여 배의 위치를 측정하는 모습

은 전통적으로 기술진보를 적극적으로 수용하면서 첨단기술 무기에 대해 과도하게 의존하게 되었다. 그러나 기술에 유혹되려는 마음과 기술에 대한 중독이 매우 걱정스럽다. 최근 몇 년 동안 겪은 이른바 희귀금속의 부족 현상을 살펴보자. 희귀금속을 이용해서 점점 더 작아지고 성능이 좋아지는 개인용 전자장비와 풍력발전 가능성에 매혹된 세계는, 희귀금속의 지구 매장량의 상당한 부분을 차지하고 있는 중국이 수출을 제한하자 충격에 빠졌다. 무기 차원에서 더욱더 걱정되는 것은 희귀금속이 고성능 항공기, 미사일, 그리고 첨단 전자장비 등 거의 모든 장비에 사용된다는 것이다. 희귀금속 덕분에 만들 수 있는 강력한 자석이 없다면 어떤 무기들은 작동조차 안 될 것이다. 보통의 금속 자석보다 10배 이상 강력한 자성을 가진 희귀금속 자석은 높은 기동 성능을 가진 고속 미사일에 붙어있는 작은 날개를 조절할 수 있게 한다. 기술과 문화 작가인 니콜라스 카는 "기술이 일상생활의 형태 속으로 깊게 파고들면 들수록 그 기술의 사용 여부와 방법에 대한 우리의 선택권은 더욱더 적어질 것이다"라고 말했다.[11]

종종 기술의 "진보"는 사람들을 비상식적으로 만들어 의존하게 만든다. 예를 들면, 많은 이들이 탄도미사일 기술이 필수적이라 생각하기 때문에 탄도미사일의 다소 일관성 없는 작전 성능에도 불구하고 이에 대한 엄청난 자원을 투자하는 것을 정당화

11 Tara Parker-Pope, "An Ugly Toll of technology: Impatience and Forgetfulness", *The New York Times*, June 6, 2010.

한다.[12]

컴퓨터, 인공위성, 레이저 등의 많은 혁신이 이제는 필수 불가결한 것들로 여겨진다. 기술로 인하여 많은 분야에서 놀랄 정도로 진보가 이루진 반면에, 기술에 대한 우리의 강한 의존 때문에 사용자들은 기술의 중단에 대해 매우 취약하게 되었다. 인공위성이 좋은 사례이다. 인공위성 중 한 개가 작동이 안 되면, 상업적 영역과 군대에 대한 영향은 잠재적으로 엄청날 것이다. 1990년대에 어느 통신 위성의 고장 문제가 해결되기 전까지 수일 동안 무선호출기 서비스와 신용카드 결제가 중단되면서 상당히 심각한 경제적인 문제가 일어났다.[13] 이와 같은 심각한 군 시스템들의 고장은 치명적인 결과를 초래할 수 있다. 적과 대적하고 있는 지상군과 연결된 인공위성의 고장은 지상군의 공중 또는 포병 지원 요청능력을 약화시킬 수 있다. 정밀유도폭탄이 GPS 인공위성 항법 신호를 수신하지 못하면 2001년 12월 아프가니스탄에서 발생한 것처럼 우방군에 매우 근접해서 폭탄이 떨어질 수 있다.[14]

어떤 이가 새로운 기술발전으로 인한 마술 같은 현상을 일단

---

12 Joseph Cirincione, "Brief History of Ballistic Missile Defense and Current Programs in the United States", Testimony, Carnegie Endowment for International Peace, February 1, 2000, http://carnegieendowment.org/2000/01/31/brief-history-of-ballistic-missile-defense-and-current-programs-in-united-states-pub-133.

13 Laurence Zuckerman, "Satellite Failure Is Rare, and Therfore Unsettling", *The New York Times*, May 21, 1998.

14 "Friendly Fire Kills Three US Soldiers", *Guardian*, December 5, 2001.

보게 되면, 그에게 그 기술을 사용치 못하게 하는 것은 현실적으로 힘들거나 불가능할 것이다. 지휘관들은 이라크전에서 첨단의 인공위성 또는 무인 비행기(UAV) 영상정보 없이 임무에 나가기를 꺼렸고, 임무 도중에도 GPS 신호가 계속 잡히는지에 더 관심을 가졌다. 2002년, 어느 미국 정보기관에서 근무하던 한 동맹국 출신 고위 과학자가 과거의 위성데이터를 이용하여 전투지역에서 적의 존재 여부를 결정할 수 있는 분석 기법을 개발하였다. 그는 어느 날 위상 자료를 분석하는 24시간 작전 센터에서 임무 수행 중이었는데, 아프가니스탄 일대에서 매복이 있는 것처럼 보이는 것을 탐지하고 그곳에 전개된 부대의 지휘관들에게 급보를 보내기 시작했다. 그의 혁신적인 분석 기법은 문자 그대로 한 동맹국 순찰대의 생명을 구했고 그때부터 그 분석 기법은 표준이 되었다.

전형적으로 유혹에 빠진 사람은 종종 그의 행동에 있어서 잠재적인 부정적 측면을 주의 깊게 보지 않거나 무시한다. 베트남전에서 과도하게 사용된 고엽제인 "에이전트 오렌지(Agent Orange)"는 적의 은신처들을 알아내는 데에 도움을 주었지만 참전 군인들을 일찍 죽게 했고, 지금도 계속되고 있는 환경적, 인도주의적 재앙을 일으켰다. 여러 전장에 엄청나게 뿌려진 지뢰들과 집속탄들은 헤아릴 수 없는 많은 무고한 민간인들을 죽이거나 불구로 만들었다. MANPADS로 알려진 열추적 휴대용 지대공 미사일은 당시로서는 매우 편리한 것이었고 전장에서의 전술적 성공에 필수적인 것으로 여겨졌으나, 이후 급속한 확산으로 오늘날에는 테러범들이나 다른 비이성적인 활동세력들의 손에 들어감에 따라 큰 위협이 되고 있다. 누가 핸포드나 워싱턴같이, 수백만 갤런의 고준위 방사능 쓰레기를 오래되고, 녹슬고, 부서진 저장고에 저장해 놓고 있는 과거 핵무기 시설이 있었던 곳에서 곧 환경 재앙이 일어날 것 같은 상황을 못 본 체할 수 있겠는가?

가능할지는 모르겠지만, 기술을 관리하고 통제하는 문제의 해결책은 불확실한 상황에서 기술이 어떻게 이용될 것인가를 예측하는 것이다. 사람들은 레이저와 제트 엔진을 처음 개발할 때 궁극적으로 이것들이 사용될 무수히 많은 용도에 대해, 그것이 좋은 쪽이든 나쁜 쪽이든, 전혀 상상할 수 없었다. 누가 먼 거리에서 탄도미사일을 파괴할 수 있는 고출력 레이저를 기체 돌출부에 장착하고, (서로 접촉하게 되면 엄청난 에너지를 방출하는 고반응성의) 수톤의 자동 연소성 화학물질을 실은 거대한 보잉747을 상상할 수 있었겠는가?

감독관들과 관리자들은 어떤 기술이 실제로 일정 기간 사용되기 전에는 그 기술 효과의 범위를 알 수 없다. 그러나 일단 기술이 배치되고 사회에 자리를 잡게 되면, 그것을 변화시키거나 통제하는 것은 어렵다. 당장 대중에게 더는 스마트폰 또는 스트리밍 비디오를 사용할 수 없다고 말하는 상황을 상상해 보라. 혹은 군인들로부터 야간투시 장비를 빼앗아보려고 시도해 보라.

기술진보에 대한 요구가 커지고, 실제로 매우 빠르게 진행되기 때문에, 기술적 진보가 가져올 잠재적 단점에 대해 미리 고려하기는 쉽지 않아 보인다. 항생물질은 기적의 약물이지만, 과다

복용과 그 결과로 발생하는 항생제 내성 미생물과 박테리아는 매년 유럽과 미국에서 약 5만 명의 목숨을 빼앗아간다.[15] 화학 약품은 식량 공급을 늘려주지만, 오랫동안 자연에 머무르며 잠재적인 적으로 치명적인 부작용을 발생시킨다.[16] 인터넷은 여러 면에서 우리 삶을 풍요롭게 하지만, 우리의 사고 능력을 위협한다. 영국 신경과학자이자 정책 고문인 데임 수잔 그린필드는 전자장비의 사용은 우리 뇌의 미세포 구조와 복잡한 생화학적 반응에 영향을 줘서, 결국에는 우리의 성격에 영향을 끼친다고 주장했다.[17] 요약하면, 현대의 세계는 우리의 인간적인 사고 과정을 쉽게 변화시킬 수 있다. 이것은 미래 전투 지휘관들에게 적지 않은 영향을 끼친다. 즉, 그들이 복잡한 문제들을 풀어가고 신속한 의사결정을 하는 방법에 대해 알려지지 않은 영향을 줄 수 있다는 의미이다.

---

15 Michael Enright, "The Looming Crisis of Antibiotic Resistance", *The Sunday Edition*, CBC Radio, August 30, 2015.

16 Jacque Wilson and Jen Christensen, "7 Other Chemicals in Your Food", CNN, February 10, 2014.

17 Susan Greenfield, "Modern Technology Is Changing the Way We Think", *Daily Mail*, December 30, 2015.

군수산업과 무기 확산

무기 기술이 전투원들에게까지 전달되는 데는 여러 가지 방법이 있다. 전투원들은 작전상의 결함을 없애기를 원하기에 과학자들과 무기 개발자들에게 해법을 요구한다. 공대공 미사일 사례를 살펴보자. 조종사들은 적 미사일이 우리 미사일보다 더 먼 거리에서 표적을 탐지하고 교전을 할 수 있게 되어, 우리 조종사들과 비행기를 위험에 빠뜨리게 될 거라는 것을 첩보 또는 실제 작전을 통하여 알 수 있다. 전자전의 경우 운용자들은 적의 통신 방해, 레이더 기만, 또는 항공기 피아식별 시스템 해킹 등에 대응하기를 원한다. 전자기 스펙트럼 기술의 경우 군은 주파수 도약, 적응광학계, 그리고 정교한 신호 필터들과 같은 전자전 대응 능력 및 반대응 능력을 지속해서 개발해 왔다.

전투원들에게 도움을 주는 스텔스 기술에서처럼, 가끔 개발자들은 우연히 실험실에서 기술을 발견하고는 전투원들에게 이용하게 한다. 구조의 적절한 성형을 통한 레이더 반사의 장점은 오래전에 알려져 있었지만, 스텔스 비행기의 제작은 첨단 컴퓨터의 등장과 그 컴퓨터를 이용한 복잡한 계산 결과가 가능할 때, 첨단 재료과학 및 고도의 정밀 제작기술을 결합한 후 비로소 가능해졌다.

무기 제작과 수출은 오랫동안 경제적이면서 지정학적인 목표 달성에 이바지해 왔다. 많은 국가에서 안보의 기반에 깔린 주요 요소는 첨단 무기를 생산할 수 있는 국가적 능력이다. 실제로 미국은 그다음 순서의 7개 국가의 지출을 합친 것보다 더 많은 천문학적인 돈을 무기 프로그램들에 지출한다.[18] 매년 약 6천억 달러의 국방예산 중 새로운 시스템의 연구, 개발, 시험, 그리고 조달에 2천억 달러에 가깝게 투자한다. 무기는 납세자들에게 "안보"라는 어떤 모호한 느낌을 줄 뿐, 실제 잔존가치를 가지지는 못한다. 확실히 무기는 다른 목적에 맞게 재활용될 수 없고, 몇 년 뒤에 결국 고철이 된다. 애리조나 데이비스-몬산(Davis-Monthan) 공군 기지에 있는 비행기 "무덤"의 항공사진에서는 녹슬어가고, 누에고치처럼 둘둘 말려있는, 더 이상 작전 투입이 불가능하고 쓸모없는 항공기들이 거대한 면적을 채우고 있는 것을 확인할 수 있다. 의문의 여지없이 우리에게 강한 국방과 잘 무장된 군대가 필요하지만, 우리는 국방과 너무 흔하게 사용되는 국방의 "형제"격인 국가안보의 개념을 혼동하지 말아야 한다. 단지 쉽게 얻을 수 있다는 이유로 더 많은, 더 큰, 더 좋은 첨단기술 무기들과 끝없이 계속 개발하고 또 개발하는 과정을 반복하는 국가안보와 국방을 융합하지 않아야 한다.

군 경력 대부분을 무기 개발과 조달 분야에서 보냈기 때문에 나는 기술이 어떻게 도입되고, 어떻게 실전 배치되어 전력화되는지를 직접 목격했다. 그중에서 내가 본 최고의 시스템은 실제 전투원의 요구를 충족시킬 의도의 무기들이 기록적으로 신속하게

---

18 Lauren Carroll, "Obama:US Spends More on Military Than 8 Nations Combined", *Politifact*, January 13, 2016.

그림 21. 미국 애리조나 Davis-Monthan 공군 기지에 있는 비행기 "무덤"의 항공사진
출처: Purplexsu / Shutterstock.com

생산되고 실전 배치되어 군인들의 목숨을 구했을 때였다. 이렇게 하는 것이 최우선적 사항이고 마땅히 그래야 한다. 지휘관들에 의해 전투에 투입된 군인들은 국가가 제공하는 최상의 것들을 가질 자격이 있다. 이라크와 아프가니스탄에서 급조 폭탄에 대응하기 위한 무기체계의 신속한 전력화는 무기도입 시스템이 잘 작동했던 좋은 사례이다. 군대의 연구조직들은 급조 폭탄을 탐지하고 뇌관을 제거하는 방법을 찾기 위해 미친 듯이 연구했다. 지뢰 방호 차량, MRAP(Mine-Resistant Ambush Protected vehicle)가 신속하게 개발되고 배치되어 이라크에서 수백 명의 생명을 구했다. 반면에, 내가 경험한 최악의 시스템은 기술이 종종 작전상의 이유가 아닌 재정적인 이유로 불필요하게 개발되었을 때였다. 눈에 띄는 것이

거의 없는데도 수십억 달러를 쓴 터무니없이 비싸고 구상이 잘못된 미 육군의 미래 전투체계(Future Combat System)를 예로 들어보자. 주주들을 만족시키기 위해 일정 수준의 수익 유지를 요구받은 거대 국방 계약자들은 큰 정부 계약을 따내기 위해 기술개발의 위험성을 자주, 그리고 과도하게 긍정적인 관점에서 접근한다. 공군이 제안했던 신형 장거리 원격 핵미사일, LRSO(long-range stand-off) 같은 무기는 의도되지 않았던 장기적인 영향에 대한 충분치 못한 검토의 결과이다. LRSO는 무의미한 핵무기 경쟁에서 속에서 이루어진 불필요한 도약처럼 보인다.[19]

설상가상으로 군인들을 다치게 하거나 살해했던 조잡한 무기들도 있었다.[20] 남북전쟁 기간에 J. P. 모건은 결함이 있는 — 그것을 사용한 군인들의 엄지를 잃게 만드는 — 소총을 구매하여 터무니없는 이익을 붙여서 전장의 장군들에게 팔았다. 좀 더 최근에는 국방부 감사관이 이라크에서 납품업체가 설치한 샤워장에서 부적절한 접지나 흠이 있는 장비가 군인들을 죽게 할 수 있다는 것을 발견하였다.[21] 그 보고는 여러 단계의 시스템과 조직이 장비 도입을 실패로 이끌었다는 결론을 내렸다.

---

19 Hams M. Kristensen, "LRSO: The Nuclear Cruise Missile Mission", Federation of American Scientists, October 20, 2015

20 Howard Zinn, "Robber Barons and Rebels", chapter 11 in *History Is a Weapon: A People's History of the United States* (New York: harperCollins, 1980).

21 James Risen, "Despite Alert, Flawed Wiring Still Kills G.I.'s", *The New York Times*, May 4, 2008.

군대가 개발하고 구매하는 무기들이 변하는 동안에도 방산복합체의 중요성은 변하지 않았다. 무기도입의 목적은 우리 군인들에게 제공 가능한 최고의 무기들을 획득하는 것이지만, 가끔 무기구매 과정에 그 목적의 최고 가치를 망각하는 많은 이해관계자가 있다. 산업체는 이득을 취하고, 의회 의원들은 자신들의 지역구에서 일자리를 만들고, 대학교들은 연구 지원을 받고, 군대는 지속해서 역량을 최신화한다. 2014년 블룸버그의 연구에 따르면, 펜타곤과 계약하는 업체 중 가장 큰 4대 회사들의 주식이 그 해의 S&P500 산업지수 상승률 2.2%를 능가하여 19% 상승했다고 한다.[22] 무기구매는 일자리를 만든다. 4개 주를 제외한 모든 미국 주가 F-35 전투기에 경제적으로 얽혀 있는데, 그중 18개 주는 1억 달러 이상의 프로젝트를 기대하고 있다. 소문에 따르면 그 프로젝트는 전국적으로 3만 개 이상의 일자리를 책임진다고 한다.[23] 대학교도 방산연구의 혜택을 누린다. 국방부는 매년 약 30억 달러를 기초연구에 투자하고 있고, 그 대부분은 대학교로 간다.

국방과 정보 관련 산업체들은 정부 조직과 깊숙하게 연계되어 있고, 방위산업체들은 군사 연구 및 개발센터들을 둘러싸고 있으며 산업체는 정부가 의회와 국방부 집행부에 로비와 증언을

22 Richard Clough, "U.S. Defense Industry's Profits Soaring Along with Global Tensions", Bloomberg News, September 25, 2014.

23 Jeremy Bender, Armin Rosen, and Skye Gould, "This Map Shows Why the F-35 Has Turned Into a Trillion-Dollar Fiasco", *Business Insider*, August 20, 2014.

그림 22. 바다 위를 낮게 비행하는 F-35 그룹

통해서 연구 의제를 설정하도록 돕는 큰 역할을 한다. 방위산업체들은 정부 관리자들이 (납품, 개발, 도입 등의) 요구 문서들과 계약서 작성에 필요로 하는 기술 자료들을 제공한다. 많은 정부 프로그램 사무실에 공무원의 수는 상대적으로 적고, 오히려 지원 방위산업체 사람들이 3분의 1 또는 그 이상을 차지하는 경우가 종종 있다. 국방예산에 대한 치열한 경쟁 속에서 무기 제작자들과 기술 회사들은 항상 자신들과 다른 경쟁자들과의 차별점을 보여야만 한다. F-35 전투기 경쟁은 승자와 순수하게 2천억 불의 계약을 맺기로 되어 있었다. 두 입찰자는 수직 이착륙(VTOL)과 다른 첨단 기능들을 약속했다. 록히드 마틴사가 설계에서 보잉사보다 우세였으나, 수직 이착륙 기능이 돈과 시간에서 큰 부담이 되었다. 아직 그 전투기는 여전히 모든 요구 사항들을 만족시키지 못

하고 있다.[24]

정부 조직들도 그렇지만, 방위산업체들은 주로 그들 자체 조직의 생존을 보장하는 신기술과 무기들에 대한 예산과 요구 조건이 고리처럼 끊임없이 이어지는 것을 선호한다. 엄청난 돈이 걸려있기 때문에, 우리는 무기 조달을 위한 확실한 동기와 압박을 정확히 이해해야 한다. 이를 위해 신무기들에 대한 요구 조건이 끊임없이 증가하는 것에 대해서 의문을 가지고, 좀 더 회의적인 시각을 가지는 것부터 출발하면 된다. 수필가 제임스 팔로우는 *The Atlantic*에 쓴 기고에서 "우리는 전장의 현실과는 상관없고, 오히려 첨단기술이 승리를 보장해 줄 것이라는 밑도 끝도 없는 신념에 의해, 납품업자들의 경제적 관심이나 정치적 영향과 관련 있는 무기들을 구매한다"라고 강조했다.[25]

우리 자신은 계속해서 이어지는 신무기들에 중독되었을 뿐만 아니라, 정밀 무기들을 수출하는 데에도 매우 열정적이다. 미국은 세계에서 다른 어떤 나라보다 많은 국가에 상당량의 무기를 팔고 있는 거대 무기 확산자다.[26] 2014년에 러시아가 거의 60억

---

24 Directorate of Operational Test and Evaluation, "Joint Strike Fighter (JDSF)", *FY 2015 DOD Programs* (Washington, DC: Department of Defense, 2015), http://www.dote.osd.mil/pub/ reports/FY2015/pdf/dod/2015f35jsf.pdf.

25 James Fallows, "The Tragedy of the American Military", *The Atlantic*, January-February 2015.

26 "International Arms Transfers", Stockholm International Peace Research Institute, http://www.sipri.org/research/armament-and- disarmament/arms-transfers-and-military-spending/international-arms-transfers.

달러를 판 사이에 미국은 100억 달러 가치의 무기를 팔았다. 두 나라는 전 세계 무기 시장의 절반 이상을 차지하고 있다. 미국 무기의 수요국은 사우디아라비아, UAE, 터키, 베트남, 이라크, 이집트, 그리고 파키스탄 등이 있다. 우리가 비록 최첨단 무기 판매를 제한하고 있고, 판매도 최우방국들로 한정하고 있지만, "옛" 기술의 구형 무기라도 여전히 치명적이다.

미국은 무기 연구와 개발에 관한 한 리더로서 세계를 이끌어 왔기에 본보기로 다른 국가들에게 주의해야 하는 것을 알려줘야 하는 책임을 지고 있다. 2012년 당시 국가안보 고문인 존 브랜넌은 테러와의 전쟁에서 드론이 사용되면서 다른 많은 국가가 그 기술에 관심이 있다는 사실을 이야기하면서, "만일 우리가 다른 국가들이 이런 기술을 책임감 있게 사용하기를 바란다면, 우리가 그것들을 책임감 있게 사용해야 한다"라고 말하며, "우리가 하지 않았던 것을 다른 국가들에게 기대할 수 없다"라고 말했다.[27] 하지만 책임감 있는 사용이란 무엇인가? 미국이 원자탄, 무장 드론, 또는 네이팜 탄 같은 무기를 사용하면서, 다른 국가들에게 그 무기의 사용을 금지한다는 것은 말이 되지 않는 것이다.

첨단기술 무기들을 다른 나라에 계속 파는 나라들은 그 무기들의 적절한 사용에 대한 훈련 또한 제공해야 하는 책임이 있지

---

27 John O. Brennan, "The Ethics and Efficacy of the President's Counterterrorism Strategy", remarks at the Wilson Center, April 30, 2012. https://www.wilsoncenter.org/event/the-efficacy-and-ethics-us-counterterrorism-strategy.

그림 23. 2010년 7월 4일 러시아 주콥스키에서 열린 인터마쉬 2010 시연 레이스에서 러시아군 BUK-M2 미사일 시스템
출처: Degtyaryov Andrey / Shutterstock.com

만, 항상 그렇지는 않았다. 품질 교육은 시간 소모적이고 비용이 많이 든다. 2013년 우크라이나 상공에서 말레이시아 항공기를 격추한 지대공 미사일이 러시아에서 공급한 BUK 방공시스템이라고 알려져 있다(그림 23).[28] 이것은 군용기와 민간항공기를 쉽게 구분할 수 있는 고도로 정밀한 시스템들이다. 나는 그 비극이 판매자로부터 잘못된 훈련을 받은 시스템의 운용자들 때문에 발생했다고 지금까지 믿고 있다.

각국 정부들은 핵무기 감축협약, 대량살상무기 금지조약, 그

28 Bart Jansen, "Report Confirms MH17 Shot Down-But Why?", *USA Today*, October 14, 2015.

리고 지뢰처럼 불필요하고 과도한 피해를 초래하는 무기들에 대한 중요한 논의를 계속해 왔다. 인공지능 또는 합성생물학 같은 민군겸용 기술은 그것들이 선한 용도와 악한 용도 모두 사용될 수 있는 잠재성을 가진다는 점에서 또 다른 위험성을 보여준다. 기술은 그 자체로 조약과 협약의 주제는 아니지만, 이제 이 기술들을 적용한 무기들의 확산 제어가 논의되어야 할 시기가 왔다.

우리는 어디로 향하는가?

과거와 현재 그리고 미래에서 미국이 과학, 기술, 그리고 혁신에서 선도적 역할을 해 왔고 또 해 나갈 것은 분명하다. 민간과 군사 영역 모두 마찬가지다. 그러나 오늘날에는 다른 선진국들, 적국들, 그리고 우방국들도 복잡한 신기술을 사용한다. 과거에는 무기 기술이 군사적 이용에 특화되었으나, 오늘날에는 중요한 기술의 경우 민간에서의 응용도 중요하기 때문에 민군겸용 기술이 점점 증가하고 있다.

지금까지의 무기 기술은 전술적 속성인 사거리, 속도, 살상력을 향상하는 경향이 있었던 반면에, 자율성, 전투원 증강, 그리고 인공지능 같은 신기술은 전쟁과 군사 활동의 개념을 근본적으로 바꾸고 있다. 오늘날 개별 군인에게 요구되는 것은 매우 다르다. 과거의 무기는 군인의 재량에 맡겨진 장비들이었다. 대체로 그 이전의 무기들에 비해 더 큰 출력, 속도, 정확성을 가졌다. 이 무기는 기술적으로 조작이 훨씬 간단했고, 군인이 받는 훈련에서 전술적인 군사 전문가 이상의 사고는 거의 요구되지 않았다.

오늘날의 무기는 기술의 이해뿐만 아니라 훨씬 더 복잡한 교전 규칙에 대한 이해가 요구된다. 새로운 무기는 군인들에게 더 다양한 지식과 주의를 요구하고, 적과의 상호작용 방식은 근본적으로 변화하였다. 과거 국방부 관리이자 현재 조지타운 대학교 교수인 로사 브룩스는 전쟁과 전쟁이 아닌 것 사이의 선이 발전하는 기술 때문에 조금씩 모호해지고 있다고 주장한다. 그녀는 "만일 우리가 더 이상 차이를 말할 수 없는 어떤 지점에 도달하면, 근본적인 전쟁의 법칙이 변해야 할 것이다"라고 말했다.[29]

전쟁과 무기는 그 시대별로 윤리적인 논쟁을 불러일으켰다: 기관총의 등장은 공포를 몰고 왔다; 핵무기는 거의 전 세계에 걸쳐 도덕적으로 잘못된 것으로 여겨졌다; 그리고 생물학 및 화학 무기는 비인도적이므로 불법화되었다(그것들이 사용되지 않을 것이라는 의미는 아님). 우리는 이런 신기술과 시스템들을 군인의 손에 들려주고, 그들에게 그것들을 언제, 왜, 어떻게 사용할 건지 알아보라고 요구할 것인가? 그리고 우리는 우리 군에 그런 무기들의 적절한 도입을 알아서 고민하라고 요구할 것인가? 이런 시스템을 다루는 정책이 없고 훈련도 부족하다. 우리는 젊은 군인들이 그 미묘한 차이를 이해할 거라고 기대할 수는 없다. 우리가 완전하게 이해 못 하는 기술을 도입하는 데에는 기술적 혹은 그 외의 위

29 David Sterman, "Will We Still Call It War?", *Time*, March 9, 2015.

험이 항상 존재한다. 그 누구도 드론 공격이 우리 조종사들에게 끼칠 정신적 피해를 예측할 수 없다. 또한, 자율 시스템이 혼란하고 모호한 상황에 대하여 어떻게 반응할 것인지 누구도 예측할 수 없을 것이다. 아직은 효과적인 방어체계가 없는 극초음속 무기들의 등장이 적의 행동을 어떻게 변화시킬 것인가? 우리는 이런 기술개발이 적군뿐만 아니라 그것을 사용하게 될 아군들에게도 궁극적으로 어떤 영향을 끼칠 것인가를 시급히 고민해야 한다.

군인들이 미래 아이디어에 관해 연구할 기반시설들을 유지하는 것은 당연하다. 새로운 형태의 전쟁은 다른 형태의 무기들을 요구한다. 그러나 문제는 우리가 신기술을 무기에 응용하면서, 비판의식과 의문을 가지지 않고 기술의 매혹에 완전히 빠지는 것이다.

우리는 기술이 의도하지 않는 끔찍한 결말을 초래한다는 것을 알고 있다. 어느 누구도 내연 기관의 탄소 배출이 환경에 미친 해로운 결과를, 또는 핵에너지 발견으로 생긴 무모한 핵무기 경쟁을, 또는 컴퓨터와 첨단 통신이 인간의 본질을 변화시켜 왔던 근본적인 방법들을 예견할 수 없었다. 이 중 어느 것도 우리가 이런 기술과 그로 인한 결과물을 추구하지 말았어야 한다는 것은 아니다. 그것은 순진하고도 소모적인 생각이다. 그것보다 우리 행동의 결말을 예측할 수 있도록 더 열심히 일했어야 했다고 말하고 싶다. 이런 새로운 전쟁 수단들은 해를 끼치는 새로운 방법을 만들어 냈고, 무력분쟁과 전쟁의 법칙, 전쟁윤리에 대한 새로운 논쟁을 불러일으켰다. 과학자들이 그들 연구의 잠재적인 영향에 대해 깊게 생각해야 하는 것은 그들의 책임이며, 대중, 미디어, 그리고 국가 지도자들이 기술이 광범위하게 수용되기 이전의 초기 단계에서 그것들의 영향을 공개적으로 토의하고 논쟁하는 것 역시 중요하다. 앞으로의 무기 기술은 그것이 채택되기 이전에 더 잘 이해되어야 하고, 더 많이 훈련되어야 하고, 그리고 더 활발하게 논의되어야 할 것이다. 이 숙제를 더 이상 젊은이들에게만 맡겨 두어서는 안 된다.

3장

미래 전쟁의 군인에 대한 영향

3장

미래 전쟁의 군인에 대한 영향

한 젊은 **전투병**이 소규모 전투팀을 이끌고 적의 영토로 강제로 진입하고 있다. 그의 옆에는 기본 훈련을 마친 몇 명의 전우들과 일부는 인간의 형상을 하고 있고, 나머지는 험지 기동을 위해 독특한 형상으로 설계된 여러 로봇이 있다. 한껏 달아오르던 그의 전투 의지와 열정은 전투 헬멧을 통해서 에너지 재충전과 기분 전환을 위해서 스스로 약물을 주사하라는 명령을 받으면서 시들었다. 그의 팀이 어떤 건물에 다다랐을 때, 리더 로봇이 장벽 투시 레이더를 통해서 건물 안쪽에 적으로 의심되는 징후가 있음을 발견했다. 전투 태세를 취한 뒤에, 그의 팀은 후방에서 영상으로 작전을 추적 관찰하고 있는 상급부대 지휘관의 명령에 따른 공격을 준비하고 있다. 적군의 존재에 대한 다른 확실한 증거가 없었기 때문에, 젊은 군인은 그들이 적군일 거라는 확신이 없었다. 그는 먼저 자신의 의심스러운 판단을 통신망으로 선두 로봇에게 은밀하게 알린다. 그러나 그는 그 로봇이 가지고 있는 센서 성능이 자신의 것보다 좋다고 생각하여 임무를 중단하는 것을 주저한다. 작전 지연에 조급해진 후방의 상급지휘관은 선두 로봇에게 가능한 모든 화력을 이용하여 그 집을 쓸어버리라고 명령한다. 모든 것이 정리된 후에, 그들은 낡은 라디오 주위에 옹기종기 모여있는 쇠스랑과 막대기를 들고 있는 어떤 소작농과 그의 가족들의 시신을 발견한다. 그 젊은 군인은 그것을 잊기 위해 상부의 지시도 없는데 스스로 어떤 약물을 주사한다.

대부분 젊은 군인들은 일반 시민들이 실감할 수도, 상상할 수도 없는 공포를 체험한다.

얼마 전에 미 육군 소령이자 군종 목사인 윌리엄 마틴은 나와 그가 여러 차례 이라크 파병 중에 겪은 그의 경험을 주제로

그림 24. 이라크 시가전에서 다친 동료를 지켜보는 미군

토론했다. 파병 기간 중 그의 부대에서 16명의 군인이 전사했고 100명 정도가 다쳤다(그림 24).

강한 지휘관의 부재에 대해 생존 군인들은 낙담하고, 분노하고, 무기력함을 느꼈다. 그는 "전쟁과 상처받은 영혼의 영향으로 번민하는" 수십 명의 군인에게 희망과 목회자적인 보살핌을 제공하는 그의 일상의 도전을 이야기했다. 전쟁의 합법성을 인지하고, 적절한 행동과 도덕적 기반을 강조하는 정의의 전쟁 이론의 개념을 가르치는 것이, 군인에게 전쟁이 그들의 영혼에 가하는 파괴를 약화하거나 완화하는 어떤 감정적인 틀을 제공해준다고 마틴 소령은 강하게 믿고 있었다. 만일 정의의 전쟁 이론에서처럼 정의와 도덕이 전투 훈련의 일부분이었다면, 그는 도덕적 해이가 더 잘 다루어지고 치유될 수 있을 것으로 믿었다. 마틴의 견해는 윤리를 무시하고 보다 실용적인 형태로 전투 작전을 수행하는 도덕적으로 중립적인 존재 방식이 도덕적 해이를 악화시키고 그것의 치유를 좌절시킨다는 것이다. 만일 그 군종 목사의 군인에게, 그들의 전쟁은 단순한 살인과 아수라장이 아니라, 전쟁에서 그들의 행동이 받아들여질 수 있는 어떤 규칙들의 조합에 의해 지배된다는 것을 분명하게 이해시켜 주는 리더들이 있었다면, 그들의 정신적 상처는 훨씬 덜 심각했을 것이다.

일단 전투에 참여하면, 그 군인은 인생을 바꾸는 계기를 갖게 된다. 작가이자 활동가인 피터 마린은 "한 사람이 저지른 실수들은 종종 직접 다른 사람들의 고통이 된다; 어떤 것은 그 고통을 없앨 방법도 없다 — 죽은 사람은 죽고, 불구가 된 사람은 영원히 불구가 되고, 그의 의무 또는 책임을 부정할 방법도 없다. 왜냐하면 그런 실수들은 영원히, 마치 타인의 피부 화상처럼, 기록되기 때문이다"라고 말했다.[1] 군인은 육체적 훈련과 감정적 훈련 모두를 요구하고, 그들의 복무 기간이 끝나자마자 추적 관찰되기를 요구한다.

군인들은 너무 많은 것을 해결하기를 요구받는다. 여러 차례 그들은 국가의 문제를 해결하거나 방어능력이 없는 국가의 사람들을 방어하기 위해 전쟁터로 가야 했다. 국가에 소속된 군인은 국가의 허락 때문에 살상 작전에 개입하는 특권이 부여된다. 미 중부사령부의 전 부사령관 존 앨런 대장은 전투원들의 전투 목적은 자신들의 생명이 아닌 타인들의 생명을 구하는 데에 있고, 그것은 전쟁을 벌이는 전투원들의 도덕적 정당성을 구성하고 그들이 다른 사람들을 해치거나 살해하는 것에 대한 비난을 면제받게 해준다고 말했다.[2] 정의의 전쟁 철학자 마이클 월저는 이것을 "전쟁 협정"이라고 하였다.[3]

국가와 국민을 위해 살인을 해야 하는 그런 엄청난 의무감을 고려해 볼 때, 군인은 당연히 어떤 특별함을 가지고 있다. 군인은 그들 자신을 합법적으로 사회의 특별한 구성원들로 보는 경향이

---

1 Peter Marin, "Living in Moral Pain", *Psychology Today*, November 1981.

2 George R. Lucas, *Military Ethics: What Everyone Needs to Know* (New York: Oxford University Press, 2016), 17.

3 Michael Walzer, *Just and Unjust Wars: A Moral Argument with Historical Illustrations* (New York: Basic Books, 2015).

있다. 그들은 국가의 재산을 보호하고 존중하는 신성한 신탁을 지키는 책임이 있다. 더글러스 맥아더 장군은 "아군이든 적군이든, 군인은 약자와 비무장 사람들을 보호할 책임이 있다. 만일 그가 이런 신성한 신탁을 위반한다면, 그는 자신의 모든 문화를 모독한 것이다"라고 이야기했다.

군인 직업의 독특하고 압박감이 큰 본성 때문에, 군인들은 그들 자신을 위하여 내부 규칙들과 의례들로 구성되고, 엄숙한 의장대, 기수 없는 말을 등장시킨 감동적인 장례식, 엄숙한 "소등나팔", 예포를 포함한 행동 등으로 이루어진 어떤 특별한 공동체를 만들었다. 군인들은 심지어 "낙하산 줄에 묻은 피(Blood upon the Risers)" 같은 짤막한 노래로 죽음을 유머러스하게 다룬다.

살인은 물론 대부분 인간에게 혐오스럽다. 앞서 이야기했듯이 확실히 군인들은 보통의 사람이 상상할 수 없고 혼자서는 결코 볼 수 없을 공포에 직면한다. 나는 반란군 소년병들을 흔하게 볼 수 있는 어느 아프리카 국가 출신의 육군 장교와 대화를 나누었다. 눈에 띄게 당황한 표정으로 그는 자기의 군대가 과도한 희생자 발생으로 타격받는 이유는 군인이 상대방의 소년병들을 죽이기를 주저하였기 때문이라고 말했다. 지급된 약물에 취한 상태에서 작전 중인 많은 소년병은 그런 죄책감이 없다. 결국에 그 군대의 교전 규칙은, 슬프지만 정확하게, 어린이들을 적 전투원들로 취급하도록 요구되었다. 앨런 장군은 "전쟁에서 무자비한 인간의 야만성은 우리의 젊은 군대를 형언할 수 없는 육체적 정신적 상처를 남기는 어떤 심연의 벼랑으로 몰아넣는다"라고 강조했다.

전투와 연관된 심리적 문제들은 전쟁의 역사를 통하여 우리와 함께해 왔다. 요즘 우리가 외상 후 스트레스 장애(PTSD; post traumatic stress disorder)라고 부르는 것이 이전에는 전투 피로, 베트남 증후군, 또는 셸 쇼크(shell shock)로 불리었다. 외상 후 스트레스 장애와 마틴 소령에 의해 논의된 도덕적인 해이 사이의 구별에 대한 토의에서, 작가 매기 푸니우스카는 이란과 이라크에서 비무장 민간인들에게 상해를 입히거나, 무장 어린이들에게 사격하거나, 또는 그들이 목격하고 방지하도록 노력해야 했던 일을 하지 않은 경우와 같이 자신들의 도덕 강령을 위반한 군인의 사연에 관해 이야기했다.[4] 그녀는 도덕적 해이는 안전의 손실이 아니라, 그 자체로 타인에서, 군대에서, 국가에서 신뢰의 상실이라고 결론지었다. 군인이 그들의 행동에 대한 도덕적 기반을 가지게 되면, 그들은 기댈 수 있는 어떤 발판, 혹은 지원 시스템을 가지게 된다. 그들이 그것을 가지지 못했을 때는, 그들이 해야 하도록, 승리해야 하도록, 또는 단순히 생존해야 하도록 요구받은 것들이 그들에게 정신적인 외상을 입힐 수 있을지도 모르는 정상적인 행동 감각의 밖에 어느 정도까지 머물 것이다.

전쟁이 비디오 게임 또는 영화라고 생각하는 사람들은 이것에 대해서 아마 할 말이 많을 것 같다. 그러나 야전에서 군인은

4 Maggie Puniewska, "Healing a Wounded Sense of Morality", *The Atlantic*, July 3, 2015.

할리우드 배우가 아니다 — 그는 우리가 결코 보지 못할 것을 보고, 우리가 절대로 경험하지 못할 것을 경험한다. 위로되는 것은 그가 수 세기의 경험과 전쟁에 관한 합리적 생각에 의지한다는 것이다.

전쟁의 이미지는 믿을 수 없을 정도로 기괴하고 슬프다. 남북전쟁 또는 1차 세계대전에서 전사자의 사진들은 대학살을 증명하고, 우리에게 이념 차이로 인하여 짧은 생을 마감한 젊은이들에 대해 깊게 생각하게 만든다. 십자군 전쟁과 종교재판을 묘사한 글들과 최근 ISIS에 의해 게시된 영상물들은 우리에게 종교적인 사람들이 신의 이름으로 자행한 잔혹하고 비난받을 행동들을 보여준다. 2차 세계대전에서 히틀러의 유대인 대량 학살 또는 일본군의 전쟁 포로와 무고한 민간인에 대한 기괴한 생물학적 실험들의 사진들과 묘사들은 우리에게 인간의 비인간성의 한계에 대한 의문을 가지게 한다.[5] 독일과 일본 상공에서 연합군 폭격기들의 민간인들에 대한 의도적인 표적 공격과 두 번의 원자탄 투하, 또는 베트남전에서 고엽제 에이전트 오렌지의 사용은 우리가 새로운 살상 기술개발의 결과에 대해서 심사숙고하게 한다(그림 25). 다른 목적으로 개발된 신기술을 전쟁에 적용하는 데에 우리는 그것이 비인도적인 방법으로 사용될 수 있을 가능성에 대해 계획을 세워야 하고, 그것의 사용 규칙을 구체적으로 기술해야 한다. 개

5 Nicholas D. Kristof, "Unmasking Horror-A Special Report.: Japan Confronting Gruesome War Atrocity", *The New York Times*, March 17, 1995.

그림 25. 베트남전에서 메콩강 삼각주 밀림지대에 고엽제 살포 모습

념상 비살상 무기들은 좋은 것 같다. 신경과학은 군인을 증강하는 데에 이용될 수 있으나, 심문 도구로도 사용될 수 있다.

무력분쟁법

수천 년 동안 전쟁의 야만성과 리더나 독재자들의 잔인함은 제한이 없었다. 초기의 전쟁은 야만성과 잔인함에 있어서 그 한계가 거의 없었다. 그러나 최근 수 세기 동안 여러 사려 깊은 사람들이 전쟁이 초래하는 고통을 완화할 방법들을 찾아 나섰다. 그들은 전쟁터에서 발생하는 야만성과 고의적 파괴를 최소화하려고 노력하였고, "정의의 전쟁"과 무력분쟁의 "법들"에 대한 이론을 개발했다. 근본적으로 그들은 군인과 분쟁 당사자들의 윤리적 행동에 대한 표준과, 직접 개입되지 않는 사람들을 보호하는 방법들을 구축하려 했다.

정의의 전쟁 이론과 무력분쟁법들의 목적은 전쟁에서 군인들의 행동을 유도하려는 것이다. 이런 행동의 표준들은 우리 군인의 행동에 영향을 주고 이른바 전사강령에 기여한다. 호주의 윤리학자 로버트 스페로우는 "전쟁이 무시무시한 사업으로 남아 있고, 표준들이 유지될 때, 전사강령은 전쟁의 공포를 줄여주는 기능과 가공할 위력을 가진 무기로 타국에서 이방인들을 죽이기 위해 파견된 청년들의 악행을 길들이는 기능을 한다"라고 썼다.[6] 정당한 참전 이유와 전투원들의 행동강령에 대한 지침은 시대를 초월한 요구들이다. 그것들은 오늘날에도 중요하고 수천 년간 그

6 Robert Sparrow, "War Without Virtue?", in *Killing by remote Control: The Ethics of an Unmanned Military*, ed. Bradley Jay Strawser (New York: Oxford University Press, 2013), 84-105.

랬듯이, 미래의 복잡한 전쟁에서도 그럴 것이다. 전쟁은 끔찍하다. 때문에 민간 사회의 지도자들은, 그것이 걷잡을 수 없이 소용돌이치며 혼란과 도살장으로 치닫지 않도록, 여전히 전쟁에 한계를 설정해야 한다고 생각한다.

노트르담 대학교수 돈 하워드와 나는 "정의의 전쟁 이론의 중요한 부분이 구약성서, 쿠란, 그리고 인도의 마하바라다 만큼이나 다양한 경전들 속에 표현되었듯이, 다양한 종교 철학적 전통 안에 놓여 있는 고대의 역사적 뿌리를 가지고 있다.[7] 그러나, 그것이 나중에 무력분쟁의 국제법을 형성하게 되는 형식에서 그 이론은 주로 성 아우구스틴(354-430)과 토마스 아퀴나스(1225-1274)를 포함한 초기와 중세의 기독교 사상가들의 업적으로부터 유도되었다. 그들은 적절한 권한, 정당한 이유, 올바른 목적 같은 원칙들을 명쾌하게 만들어 낸 최초의 핵심적인 사람들이다"라고 썼다. 네덜란드의 정치가이자 학자인 휴고 그로티우스는 17세기에 "야만인들조차도 부끄럽게 여겼을 정도로 전쟁과 관련된 제약이 없어서, 사람들이 사소한 이유로 무장을 하려 들고, 일단 무장하게 되면 더는 법, 성직자, 또는 인간에 대한 어떠한 존경도 없는 것을 목격했다"라고 말했다(그림 26).[8] 그것을 바꾸기 위해 그는 무

---

7 Robert H. Latiff and Don Howard, *Ethical, Legal, and Societal Implications of New Weapons Technologies: A Briefing Book for Presenters* (Washington, DC: National Academy of Sciences, 2015).

8 Hugo Grotius, *The Rights of War and Peace, Including the Law of nature and of Nations, Translated from the Original Latin of Grotius, with Notes and*

그림 26. 네덜란드 델프트 중앙 광장에 있는 네덜란드 법률가이자 정치인 휴고 그로티우스의 기념비

력 분쟁의 규칙들을 체계화하는 데 핵심적인 역할을 했다. 정의의 전쟁 이론의 현대적 원칙들이 처음으로 성문화되고, 전쟁 시작 결정에서 정의(*jus ad bellum*)와 전쟁 수행에서 정의(*jus in bello*)의 근본적인 구별이 분명해진 것은 1625년 그의 책 『전쟁과 평화의 법에 관하여(*On the Law of War and Peace*)』로부터이다.

전쟁 시작(*ad bellum*) 결정은 반드시 정당한 이유와 올바른 의도에 기반한 합리성에 근거를 두어야 한다. 전쟁은 반드시 전쟁 개시의 적절한 권한을 가진 누군가에 의해 시작되어야 한다. 전

Illustrations from Political and Legal Writers, by A. C. Campbell, A. M. with an Introduction by David J. Hill (New York: M. Walter Dunne, 1901), accessed online on May 17, 2016, http://oll.libertyfund.org/titles/553.

쟁은 비례해야 한다. 예를 들면, 단순히 상대방이 얕잡아 본다고 해서 대응해서는 안 된다. 전쟁은 전쟁을 피할 수 있는 모든 선택이 실패로 끝난 뒤에 최후의 수단으로서 착수되어야 한다. 모든 선택은 그 국가가 제기할 수 있는 모든 문제와 각 군인의 일상의 관심사를 뛰어넘는 의사결정들을 포함한다.

여러 핵심 규칙들에 따라 전쟁에서(*in bello*) 적절한 행동들이 제시된다. 군사력은 오직 현역 전투원들을 의미하는 적법한 표적들에 대해서만 사용될 것이다. 민간인들과 다른 비전투원들은 어떤 상황에서도 표적이 되지 않아야 한다. 오직 적법한 군사 목표를 추구하는 것에 의해 요구되는 군사력인, 오직 적절하고 비례하는 수준의 군사력이 적용될 것이다. 그 자체로 악마적인 방법들이나 무기들은 사용되지 않을 것이다. 무차별적이고 예측 불가능한 기술에 의한 불확정성과 모호성으로 특징되고, 갈수록 대중들 사이에서 싸우게 될 미래 전쟁은 이런 행동의 규칙들을 더욱더 중요하게 만들 것이다.

전쟁 규칙들은 맨 처음 19세기에 군인들에 대한 명백한 지시로서, 명시적인 국제협약으로 표현되었다.[9] 야전 군인들에 대한 최초의 중요한 지침서는 에이브러햄 링컨 대통령의 요청으로 변호사 프랜시스 리버에 의해 준비된 1863년 리버법전이었다.[10] 링

9 Latiff and Howard, *Ethical, Legal, and Societal Implications of New Weapons Technologies*.

10 Paul Finkelman, "Francis Lieber and the Modern Law of War" (reviewing John Fabian Witt, *Lincoln's Code: The Laws of War in American History*),

컨 정부의 전쟁부는 북군 내에서 군율 유지에 대하여 심각하게 고민했다. 남북전쟁은 양쪽 모두에게 특별히 잔혹한 전쟁이었고, 잔악한 행위는 궁극적인 평화의 유지를 어렵게 하였다. 링컨은 *jus post bellum*, 또는 전쟁 후의 정의에 관심이 있었다. 일반 명령 100호(General Order No. 100)로 반포된 리버법전은 모든 북군 부대에 분배되었고, 군의 사법권, 재산 보호, 암살, 반란 사태, 그리고 전쟁포로들의 취급, 탈영병, 유격대원, 간첩과 같은 분야에 대한 상세한 규칙들을 포함했다.

무력분쟁의 국제법과 국제인도법의 현대적인 틀은 헤이그 협약과 제네바 협약으로 구축되었다. 전자(헤이그 협약)는 독가스, 확산 탄환, 공중 폭격, 잠수함전, 기뢰부설에 관한 명시 규정들과 함께, 국제분쟁의 해법, 전쟁 수행, 중립국들의 권리에 대한 일반적인 원칙들을 구축했다. 후자(제네바 협약)는 환자들과 부상자들, 포로들, 비전투원들을 취급하는 규칙들을 구축했다.

지난 세기 동안에 전쟁과 전쟁기술의 영향을 완화하려는 수많은 시도가 있었다. 1차 세계대전 이후에 화학 무기의 개발과 사용을 금지한 국제협약이 조인되었다. 2차 세계대전 이래로 기술, 무기 연구와 윤리 쟁점을 다루기 위한 수많은 노력이 가해졌다. 이는 1946 뉘른베르크 국제군사재판(그림 27), 1972 생물무기협약, 1993 화학무기협약, 생물의학 연구, 게놈 연구, 나노기술 연구를 금지에 올려놓으려는 과학자들의 노력을 포함한다. 1975년 캘리

University of Chicago Law review 80, no. 4 (September 2013): 2017-132.

그림 27. 뉘른베르크 국제군사재판(1945. 11. 20~1946. 10. 1)
(앞줄 왼쪽부터) 헤르만 괴링, 루돌프 헤스, 요아힘 폰 리벤트로프, 빌헬름 카이텔, (뒷줄 왼쪽부터) 카를 되니츠, 에리히 레더, 발두어 폰 시라흐, 프리츠 자우켈
출처: https://namu.wiki/w/뉘른베르크%20국제군사재판

포니아 몬트레이 근처의 애실로마에서 열린 재조합 DNA에 대한 애실로마 회의에서, 과학자들은 DNA 연구의 잠재적 위험성을 인지하고, 안전하고 윤리적인 절차가 개발될 때까지 활동 중단을 선언했다.[11] 도출된 지침들은 자발적이었으나 성실하게 지켜졌다.

규칙 및 이론과 실제 적용은 별개다. 철학자들은 도덕적인 문제들을 분석하고 윤리적인 쟁점들에 관하여 결정을 내리는 데

11 Paul berg, "Meeting That Changed the World: Asilomar 1975: DNA Modification Secured", *Nature* 455 (September 2008): 290-91.

에 유익한 것으로 입증된 두 가지의 기본적인 이론을 발전시켰다. 첫 번째는 결과주의로서, 해로움과 이로움을 모두 고려했을 때, 어떤 행동이 최대로 많은 사람에게 최고의 순수 선을 제공할지를 묻는 것이다. 하나의 행동은 그것의 결과에 따라서 바른 것인가 또는 틀린 것인가 판단된다. 군인은 군사 작전에서 수용 가능한 부수적인 피해 수준을 결정하는 데 이런 균형을 고려해야 하는 요구에 직면한다. 두 번째는 의무론의 윤리 또는 칸트 윤리학으로 불리며, 어떤 행동의 도덕성을 의무, 권리, 정의에 관한 엄격한 규칙들의 범주에서 판단한다. 고문 방법을 사용할 것인가 말 것인가에 관한 결정과 같은 행동의 도덕성은 그 행동의 본성을 기반으로 해야 하며, 그 결과 또는 그 행위자의 정체성을 기반으로 해서는 안 된다.

의사결정에 관한 복합 철학적 접근법은 선행(장점) 윤리라 부른다. 그것은 도덕의 가장 기본적인 것으로 선한 인격을 강조한다. 개인 군 복무의 핵심 가치는 선행(장점) 윤리 접근법을 포함한다. 개개의 군인은 그가 정의롭지 못하고, 또는 불필요한 전쟁이라고 느끼더라도 행동 규칙에 따라 전투에 참여해야 하는 어려운 위치에 자주 놓인다.

베트남전과 뒤이은 군대의 전문적인 성장 이후 몇 년 동안, 군인을 진정으로 직업군인으로 만들기 위한 시도로서 많은 전사강령의 내용이 만들어졌다. 다른 직업과 마찬가지로, 전사강령은 전통, 제한과 직업적 목표들을 통합하는 어떤 사고와 행동의 방법을 서술한다: 스파르타인들은 종종 그들의 엄격하게 통제된 사회와 강력한 군인 정신을 그런 강령의 범례로 떠받들었다.

오늘날 전사강령의 많은 부분을 설명하는 것은 초기 신학자들에 의해 개발된 정의의 전쟁 이론의 개념들과 중세시대에 남아 있는 기사도 정신과 관련된 개념들이다. 중세의 기사도 강령은 용맹, 전사 전문성과 타인들에 대한 봉사가 연관된 전통들을 포함했다.[12] 궁극적으로 서구 전사의 풍습이 — 전사강령 — 된 것은 11~14세기 사이에 떠 오르기 시작했다. 시간이 지나면서 "기사도 정신"이라는 단어는 사회적 및 도덕적 규범을 보다 일반적으로 기술하기 시작했다. 네델란드 역사가 요한 후이징가는 기사도 강령을 용맹과 용기를 통합한 전사강령과 명예의 과시, 기사다운 경건함, 신의, 그리고 품위 있는 예의범절을 포함하는 사회적 기풍을 결합한 하나의 도덕 시스템으로 묘사하였다.[13] 옥스퍼드 대학교 법학 교수 테오도르 메론은 "기사도의 인도적이고 고귀한 이상은 정의, 충성, 용기, 자비, 항복한 적을 죽이거나 다른 방법으로 이용하지 않을 의무, 그리고 약속을 지키는 것을 포함했다"라고 말했다.[14]

12 Richard Abels, "Medieval Chivalry", United States Naval Academy, http://www.usna.edu/Users/history/abels/hh315/Chivalry.htm.

13 Johan Huizinga, *The Waning of the Middle Ages* (Mineola, NY: Dover Publications, 1999; originally published in 1919), 56-65.

14 Theodor Meron, "International Humanitarian Law from Agincourt to Rome", *International Law Studies Across the Spectrum of Conflict* 75 (2000), https://www.usnwc.edu/Research--Gaming/ International-Law/New-International-Law-Studies-(Blue-Book)-Series/International-Law-Blue-Book-Articles.

이것은 현시대에는 진기한 생각처럼 보이지만, 메론 교수는 "기사도 정신이 군인에게 교양 있게 행동하도록 요구한다는 생각은 가장 영속적인 유산 중 하나이다"라고 강조했다.[15] 미래 전장에서 군인이 그런 개념을 이해하고 적용할 수 있는 능력은 심각하게 도전받게 될 것이다. 우리가 보게 될 첨단 무기들과 전쟁의 새로운 형태들은 군인과 적, 군인과 다른 군인과의 관계를 변화시킬 것이다.

리더십의 중요성

아무리 가르치거나 훈련해도 군인을 전쟁과 전투의 추악한 현실에 대비하여 완벽하게 준비시킬 수는 없다. 그러나 교육은 군인이 부담이 큰 상황에 직면했을 때, 그들이 반사적으로 적절한 대응을 할 수 있게 하는 사고방식을 그들에게 주입하는 데 핵심적인 역할을 한다. 전투가 한창 진행 중일 때 최우선 가치는 당연히 살아남는 것과 주어진 임무를 완수하는 것이다. 일관되고 반복적인 양질의 훈련은 군인들이 극단적인 상황에서 올바른 순간의 결정을 하는 데 도움을 줄 것이다. 그러나 리더십은 전투 중

aspx?Volume=75.

15 Theodor Meron, *Bloody Constraint: War and Chivalry in Shakespeare* (New York: Oxford University Press, 1998), 118.

그림 28. 이라크 아부 그라이브 감옥 학대 사진을 보여주는 정치 광고판, 쿠바 아바나 주재 미국 대사관 앞
출처: Joseph Sohm / Shutterstock.com

이든지 아니든지 매우 중요하다. 한 명의 지휘관에 의해 구축된 지휘 풍토는 배속된 군인의 행동에 엄청난 영향을 끼친다.

1968년, 남베트남의 마을 마이 라이(My Lai)에서 윌리엄 켈리 중위와 그의 부하들은 여자들과 아이들이 포함된 백 명이 넘는 부락민들을 조직적으로 총살하였다. 취재 기자 세이모어 허쉬에 의해 최초로 보도된, 켈리 중위의 마이 라이 대량 학살 사건은 혼돈과 거짓의 지휘 풍토가 가장 큰 이유인 것으로 알려졌다.[16]

---

16 Seymour Hersh, "Lieutenant Accused of Murdering 109 Civilians", *St. Louis Post-Dispatch*, November 13, 1969. See also Tom Ricks, *The Generals: American Military Command from World War II to Today* (New York:

2003년, 이라크에서 미군은 포로들에 대한 고문과 살인을 저질러서, 이라크에 주둔한 미군의 지위와 평판을 심각하게 훼손하였다. 이라크 기동부대의 사령관 리카르도 산체스 대장부터 바그다드 근처 아부 그라이브(Abu Ghraib) 교도소를 운영하는 군사경찰 부대의 사령관 제니스 카핀스킨 준장까지, 전체 지휘 계통은 그 상황에 대하여 아무것도 몰랐을 뿐만 아니라 심지어 무관심했다(그림 28). 2012년, 아프가니스탄에서 적군의 시체 위에 오줌싸는 사진이 찍힌 미 해병 부대의 지휘 풍토는 무엇인가?

2차 세계대전 당시 일본의 민간인들에게 소이탄 폭격을 가한 B-29 폭격기들을 지휘한 커티스 르메이 대장은 "우리는 일본 국민과 싸우고 있으니, 결백한 민간인들은 없다고 믿는다"라고 말하면서 위험한 지휘 풍토를 조성했다.[17] 그는 또한 "그래서 이른바 결백한 구경꾼들을 죽이는 것이 나에게 큰 문제가 안 된다"라고 말했다.

그러나 콜린 파웰 대장과 조지 부시 대통령은 걸프전 말기에 다른 사례를 만들었다. 도주 중인 이라크 군인들에 대하여, 그들이 군사 강경론에는 배치되지만 윤리적으로는 옳다고 판단하여, 이라크군에 대한 공격을 중지하고 그들이 평화롭게 바그다드로

Penguin, 2012).

17 Michael Sherry, *The Rise of American Air Power: The Creation of Armageddon* (New Haven, CT: Yale University Press, 1989), 287.

철수하도록 하였다.[18]

마지막으로 영화 〈론 서바이버〉에 묘사된 해군 네이비씰팀의 실화를 고려해 보자. 이 경우에 그 부대의 지휘관은 그의 팀을 위하여 그가 도덕적으로 옳은 선택을 했다고 느끼고, 지역 민간인들의 생명을 구하려 하였으나, 결과적으로는 그의 부하들에게는 불행하고, 비극적이고 치명적이었다.

군인은 최우선적으로 군 복무의 표준과 전통을 유지하면서, 임무에서 고도의 전문성을 가지며, 부여된 임무를 성공시키려 한다. 지휘관들이 솔선수범으로 이끌지 않으면 그들은 부하를 끔찍한 상황으로 몰고 갈 것이다. 이라크 전쟁 때와 같이 국가 지도자들조차 고문과 같은 혐오스러운 행동을 나약하고 거짓되게 처리하는 상황에서, 젊은 군인이 자신의 도덕적 가치를 유지하는 것은 불가능하지는 않겠지만 어려울 것이다.

리더십과 지휘가 중요한 것은 그것이 부대의 윤리적 표준을 설정하기 때문이다. 리더나 지휘관들은 그들 군인의 행동을 지도한다. 미래 기술전의 본질적인 책임의 모호성은 이런 개념을 위협할 것이다. 미래 군인은 그의 모든 행동이 컴퓨터에 의해서 추적 관찰되고, 분석되는 일종의 네트워크 일부분으로서 작전하는 초연결망이 될 것이다. 군부대들은 인간과 로봇을 운용하고 인공지능 시스템들에 과도하게 의존할 것이다. 아마도 누가 실제로

---

18 Seymour Hersh, "Overwhelming Force: What Happened in the Final Days of the Gulf War?", *The New Yorker*, May 15, 2000.

지휘하는지 알기 어려울 것이다.

리더십과 양질의 교육 훈련이 확실한 해답이지만, 그것은 전장에서 신기술의 출현으로 끊임없이 도전받을 것이다. 무기 개발은 결과에 대한 윤리적 반성을 거의 동반하지 않는다. 간헐적으로 개발자들은 자기 정당화 또는 위험스러운 순진함을 반영하려고 평화를 사랑하는 용어로 자기 일을 포장하려 노력했다. 알프레드 노벨은 다이너마이트 발명이 미래에 전쟁이 불가능할 정도로 엄청난 영향을 미칠 것이라고 항변했다. 리처드 게이틀링은 기관총 발명이 전쟁을 끔찍하게 만들어서 전쟁이 한꺼번에 끝나기를 원했다. 그러나 그것이 그런 식으로 되지는 않았다.

때때로 핵무기와 열핵무기 같은 가장 무시무시한 무기들은 세계가 경멸할 정도로 너무 끔찍한 결과를 만들어낸다. 영상유도폭탄, 레이저유도폭탄, GPS 유도 폭탄 같은 정밀유도 무기들의 개발과 급부상은 긍정적인 부수 효과를 가져왔다. 완벽하지는 않지만 그런 무기들은 이전 세대 무기들보다 정확도가 훨씬 우수하다. 비용도 많이 들고 조종사들에게도 위험했던, 엄청난 수의 폭탄이 필요했던 예전의 폭격은 막대한 부가적 피해를 만들고 많은 무고한 민간인들을 살해했다. 정밀유도 무기들은 극소수, 또는 어쩌면 한 발의 폭탄으로 표적을 파괴할 수 있다. 그 결과 조종사들의 피해와 부가적 피해가 줄어들어 진정한 도덕적 이득을 얻었다.

왜 윤리를 걱정하는가?

계속해서 기술이 살인을 좀 더 효율적으로 한다는 것은 사실이고, 전쟁에서 이기는 것은 아이디어다. 하지만 윤리에 대한 질문이나 우려에 직면했을 때, 기술자들, 무기 개발자들과 의사결정권자들의 첫 반응은 그런 토론이 필요하지 않도록 이유를 찾는 것이다. 우리의 적들은 비윤리적인데 어째서 윤리에 의해 그들에 대한 우리의 최첨단 무기들의 사용이 통제되어야 하는가? 말하자면, 적들은 그들의 이해를 충족하는 모든 기술적 기회를 추구하고 있는데, 만일 우리가 똑같이 하지 않는다면 우리는 군사적으로 불리한 상태에 놓일 것이다. 물론 이런 논쟁은 타당하지만, 이는 도덕적 사고보다 실용주의를 우선하는 것이고, 사실상 도덕적 또는 철학적 자기성찰을 뭉개버리는 것이다. 우리의 행동이 잠재적으로 어떤 결과를 초래하게 되겠는가?

일단 도덕적 제약이 무시되면, 그것을 다시 무시하는 것은 더 쉬워진다. 게다가 우리는 항상 광신도와 싸울 수 없을 것이고, 우리의 야만적인 비밀 무기들의 사용은 다른 사람들에게 잘 알려질 것이다. 9·11 이후에 미국은 적군 억류자에 대한 고문에 의존했다. 대부분의 고위급 리더들이 그 관행을 비난하였지만, 남은 것은 국가가 어떤 중요한 도덕적 한계점을 넘었다는 사실이다. 미래의 적, 심지어 민간인도 우리에게 같은 방법을 사용하는 것을 막을 수 없다는 것을 알고 있다.

미국은 확실히 군사 기술을 포함한 많은 기술 분야에서 세계를 이끈다. 물론 미래의 미국 지도자들이 이러한 문제를 어떻게 볼지는 두고 봐야 하지만, 미국인들은 역사적으로 인권의 강력한 지지자라고 주장해 왔다. 좋든 싫든 간에 미국인들이 하는 일들은 다른 나라 사람들의 행동을 유도한다. 미국인들이 표적 살해에 가담할 수 있다면, 다른 나라 사람들도 그렇게 한다고 어떻게 불평할 수 있을까? 나는 이란의 핵 프로그램에 관하여 이란과의 협약에 찬성한다고 공개적으로 이야기해 왔다. 다른 어떤 사려 깊은 사람처럼 나도 이란 또는 다른 국가가 핵무기를 개발하는 것을 원하지 않는다. 그러나 실제로, 어느 국가가 핵무기를 가지고 있다면, 어떻게 다른 국가들에게 개발하지 못 하게 할 수 있고, 심지어 그들이 핵무기들을 가지지 못하게 하려고 전쟁을 시작할 거라는 이야기를 할 수 있겠는가? 만일 다른 국가들을 이끌고 가려 한다면, 스스로 윤리적인 리더가 되어야만 한다.

적군이 비윤리적일 수 있고, 또 그럴 거라고 가정해서 우리도 똑같은 야만인이 되어야 하는 것은 아니다. 우리의 결정이 적군에 의해 유도되어야 하는 것은 아니다. 오직 자신의 기준틀 안에서 도덕적으로 정당한 일을 해야 한다. 미국은 언제나 그런 가치에 자부심이 있었다. 그런 논쟁은 비록 순진해 보일지라도 우리 자신을 적과 구분 짓게 하는 것이다. 탈레반과 다른 테러 집단들의 야만성을 겪으면서 데이비드 페트레어스 대장은 아프가니스탄에 있는 그의 부하들에게 미국 군인으로서 기대되는 행동을 상기시키기 위해 다음과 같이 말했다: "우리가 끈질기게 우리의 적들을 추적하고 죽이는 동안에, 우리는 비전투원들과 억류자들을 품위와 존중으로 다루어야 하는 표준과 가치들을 반드시 주시해야 한다. 우리는 전사들이자 또한 인간이다."[19]

연구원들과 개발자들은 일반적으로 양심적이고, 선하고 법률에 민감하지만, 윤리는 거의 고려하지 않는다. 어떤 프로그램 기간에 무기 기술 연구원들에게 그들 연구의 영향을 명확하게 고려하라고 요구하는 규정된 윤리적인 검토나 기준이 없다는 것은 놀랄만한 일이다. 실제로 기술에 집중된 나의 긴 경력에서, 나는 단 한 번도 우리가 어떤 특별한 기술을 개발해야 하느냐 마느냐에 대해서 들어보거나 물어본 적이 없다. 우리는 반드시 스스로에게 물어보아야 한다: 그 시스템이 윤리적 반성 또는 검토를 독려하거나 심지어 허용하는가? 참여자들은 언제 어떤 기술 또는 무기에 대해 질문을 할 수 있고, 해야 하고, 그들은 언제 반대를 제기해야 하는가?

어떤 작가들은 군대 윤리와 무력분쟁법들에 대하여 매우 비관적인 시각을 가지고 있다. 랄프 피터 소령이 이야기했듯이, 그들은 전쟁윤리가 우리에게 정의의 전쟁론과 같이 "위로가 되는 개념을 방패 삼아 필요한 살인을 하듯이, 다른 인간들을 잔인하게 살해하는 요구를 심리적으로 위장"해 준다고 느낀다.[20] 피터는 군대 윤리에 대해 "실제로 혼란과 공허함 속에서 위로가 되는

19 Sara Wood, "Gen. Petraeus Urges Troops to Adhere to Ethical Standards", American Forces Press Service, May 14, 2007.

20 Ralph Peters, "A Revolution in Military Ethics?", *Parameters* 26, no. 2 (1996): 102.

명령"을 의미한다고 말한다. 마틴 소령은 정의의 전쟁론이 군인의 상처 받은 영혼을 치유할 수 있다고 믿고 있기는 하지만, 피터의 입장은 우리가 윤리적으로 행동했다고 믿는 한, 우리는 우리가 했던 행동을 우리가 알고 있다는 사실을 심리적으로 견딜 수 있다는 것이다. 이런 냉소적인 견해에는 약간의 진실이 있기는 하지만, 그것은 윤리적 행동의 규범을 따르려는 군인들에게 해를 끼치는 것이다.

철학자 마이클 월저는 "비록 기사도 정신이 죽고 자유롭지 못한 싸움이 되더라도, 많은 직업 군인들은(또는 그들 중 일부) 그들의 생업을 단순한 학살과 구별해 주는 제한과 제약에 민감하다"라고 말했다.[21]

무력분쟁법들은 과거에 분쟁이 국가들 사이에서, 또는 이른바 이성적인 활동가들 사이에서 있었기 때문에 이례적으로 성공적이었다. 그러나 오늘날의 위협은, 서구의 전쟁규칙 준수를 어리석은 것으로 보고 우리의 윤리적 입장을 이용하려고 하는 파탄국가들과 무장 그룹들로부터 자주 발생한다. 캐나다 작가이자 옛 정치가인 마이클 이그나티에프는 "서구에서 우리는 인권사상에 입각한 보편주의 윤리로부터 출발했고, 반면에 우리의 적은 도덕적 관심의 한계로서 부족, 국가, 또는 민족성을 정의하는 배타주의 윤리로부터 출발했다"라고 설명한다.[22] 이것은 서구 사회의 제

---

21 Walzer, *Just and Unjust Wars*, 45.

22 Michael Ignatieff, "Reimaging a Global Ethics", *Ethics and International*

거되어야 할 약점일 수도 있고 강점일 수도 있다. 나는 후자라고 생각한다. 그렇지 않으면 야만성을 받아들이고 문명화된 행동과 문명화된 국가를 형성하였던 수 세기의 경험을 버리는 것이기 때문이다.

우리가 이해하고 있는 무력분쟁법들은 전장에서 군인들끼리 겨루는 분쟁의 옛 형태를 기반으로 한다. 우리의 기억에 이런 이론들로부터 유도된 4가지 주요 원칙들과 무력분쟁법들은 다음과 같다: 군인들은 반드시 (1) 오직 전투원들만을 표적으로 하고 무고한 사람들은 표적으로 삼지 않기 위해, 그들의 역량 안에서 할 수 있는 것을 다하는 안목을 훈련해야 한다; (2) 오직 상황에 필요하고 비례하는 정도의 군사력을 이용하여, 그들의 행동에서 비례의 원칙을 보장해야 한다; (3) 오직 군사 상황이 그것을 요구하고 다른 대안이 가능하지 않을 때, 포격과 살상 작전에서 절대적인 군사적 필요성을 고려해야 한다; (4) 그들의 임무에 상응하는 최소한의 고통을 유발하는 무기들과 기술만을 이용하여, 불필요한 고통을 최소화해야 한다. 새로운 무기들과 분쟁의 형태는 각개 군인의 역할을 근본적으로 변화시키며 이런 훌륭한 규칙들을 어떻게 적용할 것인가에 대한 어떤 새로운 이해가 요구될 것이다.

전쟁은 일종의 심오한 인간 활동이다. 이는 전쟁터가 용기, 공포, 잔인함, 자책감, 이타심, 죄책감, 희생과 연민 같은 감정을 불러일으키기 때문이다. 전통적인 전쟁터는 우군과 적군 모두를

Affairs, Carnegie Council, April 1, 2012.

포함한 사람들 사이에서 상호작용이 요구되는 공간이다. 군인은 부대 단위로 전투하고 생존하기 위해 서로서로 의지한다. 신뢰는 매우 중요하다. 과거 전투에서 살인은 고의적이고 지극히 개인적이었다. 미래 전투에서 기술은 전쟁의 공포와 그 결과에 대한 우리의 감각을 둔화시킬 것이다.

기술의 영향

전사강령은 점점 더 자동화되는 전투의 특성과 군인의 인공적인 증강, 전투 속도와 거리 등에 의해 훼손될 위협에 처해있다. 신기술은 오랫동안 간직해 온 전쟁규칙 또는 최소한 그것이 적용되는 방법들에 대한 우리의 이해가 틀렸음을 입증하고 있다. 우리는 이미 신무기와 기술의 장점과 있을 수 있는 단점, 그리고 거기에 수반되는 윤리적, 도덕적 문제들을 토론해 왔다.

새로운 전쟁의 형태와 신기술이 군인에게 영향을 끼친다는 것은 명백하다. 어떤 특정 기술이 전투원 양성에 어떤 영향을 끼치는가? 자율 무기, 사이버 작전, 증강 군인은 전투 현장을 변화시킨다. 예를 들면, 무인 운반체들과 지향성 에너지 무기들은 새로운 전장과 전투원들 사이의 달라진 관계를 짐작할 수 있게 한다. 살인은 비인격적으로 이루어지고, 로봇과 증강 군인의 군사적, 사회적 의미도 엄청나게 커질 것이다. 이런 신기술들은 대적하는 군인들 사이의 관계를 변화시킬 뿐만 아니라 같은 편인 군인들에게도 영향을 끼치고, 신뢰와 이타심 같은 중요한 개념의 의미도 바꿀 수 있다. 과거에 군인은 서로를 위하여 위험을 감수했다. 자율 기계들의 등장이 그런 구조를 어떻게 바꿀지, 또는 군인이 그의 생명을 어떤 기계에 맡기게 될지 분명하지 않다.

우리는 자기 부대원들을 구하기 위해 수류탄에 몸을 던지면서 자신의 생명을 바쳤던 군인과 같은 용감하고도 영웅적인 자기희생의 비극적인 이야기들을 들어왔다. 마찬가지로 어떤 로봇이 적군의 포로가 된 군인을 구하기 위해 적의 화력에 자신을 노출해야 하느냐 마느냐의 결정에 직면해 있는 상황을 상상해 보자. 그 로봇은 아마도 빠르게 계산하여 그날의 전투에서 적을 파괴하는 데에 그 팀 중에서 가장 효율적인 요원이 누구였는지, 포로가 된 그 군인의 손실이 사상자 비율을 뒤엎을 만한지 결정할 것이다. 동료애에 대한 것은 이 정도로 하기로 하고, 만약 로봇이 전투에서 나머지 부대를 훌륭하게 방어한다고 가정하면, 동료 군인이 자신과 다른 동료의 생명의 위협을 무릅쓰고 그 로봇을 구하려고 할까? 그가 그래야만 할까?

만일 우리가 인간과 비슷하게 행동할 수 있고 가장 기본적인 도덕적 의사결정 능력을 가진 기계를 만들 수 있다면, 저 기계들과 나란히 옆에서 전투하는 사람들은 어떤가? 저 둘은 감정적 교감을 어떻게 할까? 이처럼 동지애는 더는 의미 없는 개념이 되었다. 예를 들어 흔하게 등장하는 전장에서 인간과 로봇이 팀으로 작전하는 미래를 생각해 보자. 로봇이 동의 못 하는, 어쩌면 결함이 있을 수 있는 명령을 인간이 내려야 하는 상황을 상상할 수 있다. 그 로봇이 거부할 수 있을까? 만일 그렇다면, 결론이 날까? 로봇을 벌준다는 것은 말도 안 된다. 또한 어떤 군인이 의문스러운 결정을 단지 몇 초 이내에 내려야 하는 상황을 고려해 보자. 그가 모든 것을 보아왔고, 모든 것을 기억하고 있는 그 로봇의 존재 때문에 제약을 받을 것인가? 전투에서는 신뢰가 중요한데, 이러한 상황은 부대 응집력과 부대원 간의 신뢰에 큰 영향을 미친다.

군인들은 이제 긴밀한 접촉과 백병전을 두려워할 필요가 없다. 왜냐하면, 그들은 아주 먼 거리에서 로봇들과 무인 운반체들을 전개할 수 있기 때문이다. 이것은 또한 우군 사상자를 현격히 감소시킬 것이다. 그러나 한편으로는 공포가 행동의 조절자로서 역할을 하기 때문에, 공포를 감소시킴으로써 우리는 비윤리적인 행동에 대한 제약을 제거할지 모른다. 마을에 진입할지 말지 결정해야 하는 군인은 포병사격 요청, 공중공습 요청, 또는 무장 로봇 배치 등의 선택지가 있다면, 이제는 소총탄이 쏟아져 오는 것을 두려워할 필요가 없다. 이제 전쟁은 점점 더 먼 거리에서 싸우고, 군인은 자신의 행동에서 너무 멀어졌다. 이것은 중대한 결과를 초래한다. 먼 거리에서 전투하는 것과 적을 단지 어떤 표적 또는 화면상의 아이콘으로 보는 것은 그를 비인간화하는 것이고, 우리가 사살 권한을 가졌을 때, 혹은 군사적 필요성과 비례 원칙에 관한 결정의 열쇠가 되는 공감 같은 감정을 보여줄 기회를 얻지 못한다는 것을 의미한다. 만일 한 군인이 어떤 전투의 내용 또는 어떤 특정한 교전을 보지도, 듣지도, 또한 이해하지도 못한다면, 그는 그러한 미묘함이 있어야 할 수 있는 결정에 관심을 두기 어려울 것이다.

무장한 프레데터(Predator) 드론의 초기 미사일 공격 영상은 기밀 군사 인터넷 시스템에서 자주 볼 수 있었다. 미국 공군 기지에서, 나는 컴퓨터 주변에 웅크리고 앉아서 무장한 아프간 남자들로 가득 찬 트럭이 산길을 주행하는 화면을 지켜보고 있던 한 무리의 비행사들을 보았다. 갑자기 미사일의 폭발적인 섬광이 있었고, 트럭과 거기에 타고 있던 사람들이 산산조각이 났다. 컴퓨터 스피커에서는 모든 것이 마치 한 종류의 오락인 것처럼 웃고 환호하는 소리가 들려왔다. 그 영화의 생생하고 끔찍하고 초현실적인 장면이 마음에 와닿았다.

어느 늙은 2차 세계대전 참전용사가 나에게 적진 근처에서 순찰할 때 느꼈던 두려움과 전투를 할 때마다 느꼈던 공포에 대해 아직도 생생하게 기억하고 있다고 자신 있게 말했다. 그는 또한 총검으로 찔러 죽일 때 누군가의 눈을 똑바로 바라봐야 하는 끔찍한 느낌에 대해서도 말했다. 우리는 눈에 직접 보이지 않는 적을 죽이기가 훨씬 쉽다.

군인들은 더 좋은 센서, 전력 및 통신 시스템 덕분에 많은 미디어를 통해 엄청난 양의 데이터를 그 어느 때보다 빠르게 전달받게 될 것이다. 그러나 많은 데이터가 반드시 좋은 정보를 의미하지는 않는다. 과도한 의존성은 상식과 전시적 본능을 무디게 할 수 있다. 군인은 그의 본능과 반대되는 경우에도 데이터를 무시하지 않으려 하고, 도덕적으로 의심스러운 행동을 일으킬 수 있더라도 데이터에 집착하게 될 것이다. 전쟁에 대한 개인적인 차원이 없다면, 그토록 오랫동안 우리에게 봉사해 온 가치를 어떻게 가르치기를 희망할 수 있을까? 인간은 다른 사람들과의 감정 교류 경험을 통하여 사회의 구성원이 되는 것에 의해 윤리적인 결정을 내린다. 감각적 경험과 사회적 메커니즘, 즉 평생의 경험은 우리의 행동 방식에 기여한다. 전 해군 정보장교 윌리엄 브레이는 "인간의 분석은 또한 주관적인 경험에 크게 의존하고, 주관적인 경험은 자주 당연하게 여겨지지만, 무엇이든 이해하는 데 핵심이다. 지각된 모든 데이터는 사람이 경험한 모든 맥락에서만 이해된다"라고 말했다.[23] 기계는 그것을 복제할 수 없다.

전장에서 전투원과 비전투원을 구분하거나 부수적 피해로부터 비전투원을 보호하는 것과 관련하여, 기계가 그런 미묘한 결정을 내릴 수 있을지 의심스럽다. 기계가 군사력의 비례 원칙에 대해 실용적 계산을 할 수 있을지 모르지만, 무엇이 불필요하고 과도한 고통인지에 대해서 공감적인 결정을 내릴 수 있을까? 적의 결의가 흔들리는 것을 감지하고 공격을 취소할 수 있을까? 위성과 드론은 대규모 적군 진형을 지휘관에게 보고할 수 있지만, 적군의 맹렬함이나 전투 의지에 대해서는 아무것도 말할 수 없을 것이다. 미국은 걸프전 당시 쿠웨이트 사막에 집결된 것으로 감시 센서에 포착된 많은 이라크 공화국 수비대 병력을 우려했고, 이를 바탕으로 미군은 압도적인 전력과 화력을 투입할 준비가 되

23 William R. Bray, "Man Versus Machine", *Signal*, December 1, 2016.

어 있었다. 그러나 미군과 맞닥뜨렸을 때 이라크군은 손쉽게 항복했다.

물리적 및 가상의 기계는 인간 군인과 함께 또는 그들 없이 분쟁에 참전할 것이다. 자율 무기 및 장거리 무기를 사용하면 멀리서 충돌을 해결할 수 있으므로 전투원들을 위험에 빠뜨릴 가능성이 줄어든다. 아군이 다치지 않을 거라는 사실이 위안이 되지만 전쟁과 폭력이 너무 쉬워져서는 안 된다. 만일 우리에 대한 어떠한 위협도 없이 폭력이 가해진다면 폭력에 의존하려는 성향을 어떻게 견제할 것인가? 분명히 이러한 기술은 최후의 수단과 군사적 필요성에 관한 결정에 영향을 미친다. 목표에 대한 지휘관의 공격 결정은 항상 부분적으로 우리 군대와 적의 비전투원 모두에 대한 위험 계산에 기반을 둔다. 자율 로봇 시스템을 사용하면 위험 요소가 줄어든다.

즉각적인 조치에 대한 요구는 지연의 여지를 남기지 않는다. 철학자 시몬 웨일은 "힘을 가진 남자는 무사통과하는 것 같다; 그를 둘러싸고 있는 인간의 실체에는 충동과 행위 사이에 반성이라는 작은 간격을 메꾸는 힘을 가진 그 어떤 것도 없다" 그리고 "반성의 여지가 없는 곳에 정의나 신중함의 여지 또한 없다"라고 말했다.[24] 현대 무기들은 반성할 여지가 거의 없다.

점진적으로 전쟁은 데이터를 수집하고 처리하는 인간 감각

24 Mary McCarthy and Simone Weil, "The Illiad, or the Poem of Force", *Chicago Review* 18, no.2 (1965): 5-30.

의 능력을 능가할 것이다. 생물학적 센서와 인간의 사고 과정이 컴퓨터와 첨단 전자공학의 정교함과 속도를 따라잡기는 불가능할 것이다. 컴퓨터, 인공지능, 로봇과 자율 시스템은 인간이 따라잡기에는 너무 복잡하고 빠르고, 훨씬 간접적인 환경을 만들 것이다. 점점 감지할 수 없을 정도로 자동화된 시스템은 사람이 할 수 있는 것보다 훨씬 더 효율적으로 작동하여 우리를 방관자로 만들 것이다. 미래 분쟁들은 점점 더 광속 무기들과 컴퓨터 자동화에 의해 정의될 것이다. 인간의 지각과 조정은 어떤 한계에 다다를 것이다.[25] 군인은 교전에서 가장 느리거나 무관한 요소가 될 것이다. 자율성, 권위 또는 책임이 없다고 느끼는 군인은 더이상 독자적인 판단의 적용을 원하지 않을 것이다. 전쟁규칙의 준수도 덜 중요해질 것이다.

컴퓨터, 인공지능, 로봇 및 자율 차량의 지속적인 연구를 통해 우리는 기계(무생물)를 인간의 행동과 유사하게 만들려고 한다. 동시에 증강 군인 연구를 통해 신체적, 신경, 제약 또는 성능 기반에서 인간을 기계처럼 행동하도록 만들려고 한다. 두 경우 모두에서 인간의 의미에 대한 개념은 흐리다. 증강 군인은 개인이 자신의 행동 결과에 대해 정당하고 절대적인 책임을 지도록 요구하는 도덕적 행위자로서의 인간의 역할에 대한 도전이다. 전투원이 전투에서 더 효율적으로 살인하고 생존할 수 있게 만드는 증강 기술은 인간의 감각을 약화시킬 것이다.

---

25 Adams, "Future Warfare and the Decline of Human Decisionmaking".

부대 결속과 단체정신에 매우 중요한 자부심의 개념이 여전히 적용 가능한가? 함께 훈련하고, 싸우고, 죽고, 생존하는 군인은 강한 유대감을 형성한다. 전투에서 성공하기 위해 개별적으로 또는 부대와 함께 훈련하던 전투원들은 이제 의약품 또는 기타 의료 수단을 통해 인공적으로 능력과 용기를 얻을 수 있다. 행동수정 약물 또는 전자장비의 영향을 받는 군인이 그들의 행동에 대해 책임질 수 있을까? 만일 군인이 수행력 향상 약물을 사용하고 있다면, 우리는 그가 느낄 수 있는 성취감에 대해 의문을 가질 수 있다: 약물이 그의 인지를 향상하거나 두려움을 감소시킨다면 어떻게 자유 의지가 돌아올까? 철학자 아널드 토인비는 "인간의 한계에 반항하고 그것을 초월하려고 하는 것이 인간의 본성이다"라고 말했다.[26] 1964년에 그는 오늘날 고려되는 인공적인 증강의 형태를 상상할 수 없었을 것이다. 아무런 두려움이 없는 군인이 불필요하게 자신, 그의 부대 또는 무고한 구경꾼을 위험에 빠뜨릴 수 있을까? 다른 사람의 고통을 고려하는 군인의 능력에 영향을 미칠 가능성이 크다. 부적절하고 과도한 고통에 관한 결정에서 중요할 것 같은 군인의 죄의식에 대한 기억변경 약물의 영향은 어떨까? 이것은 전쟁에서 중요한 감정이며 정의의 전쟁 이론에서 많은 교리의 기초를 형성한다.

26 Arnold Toynbee, "Why I Dislike Western Civilization", *The New York Times,* May 10, 1964.

생각해 보면, 미래의 군인은 많은 양의 데이터에 접속할 수 있는 컴퓨터 네트워크에 연결되어, 그의 물리적 위치, 건강 및 수행 상태, 무기 능력 및 가능한 마음 상태가 대규모 컴퓨터 모델에 지속적으로 입력되고, 고위 지휘관들에게 제공될 것이다. 군인은 거대한 네트워크 속에서 하나의 접속점이 될 것이고, 그 속에서 의사결정이 분산되거나 더 높은 수준에서 이루어지고, 또는 기계에 의해서 이루어질 것이다. 어떤 경우든 개인의 책임은 없어진다. 군인이 동료에 대한 책임을, 또는 동료가 그에 대한 책임을 느끼지 않는다면, 부대에 대한 명예와 충성심과 같은 감정이 부족해질 가능성이 크다. 컴퓨터에 대한 강한 의존은 창의성과 의사결정 능력의 상실을 초래할 것이다. 우리는 기계 보조 장치에 너무 의존하고 중독되어, 그것을 사용할 수 없을 때는 일을 제대로 못 할 것이다. 전투 교전의 광범위한 모델링 및 시뮬레이션을 통해 전장에서 인간 행동과 환경 요인의 실체와 예측 불가능성을 제외하고, 어떻게 될 것인지에 대한 이론적 계산을 할 것이다. 동시에 우리는 치명적 결과를 초래할 수도 있을, 의사결정에서 인간의 맥락을 제거할 것이다.

새로운 기술에 대한 나의 전반적인 우려는 컴퓨터, 로봇 공학, 인공지능 및 기타 자동화를 시민 사회와 군대 모두에서 점점 더 많은 인간 활동에 통합하는 것을 지나치게 서두르고 있다는 것이다. 제조업은 오래전에 조립 공정 자동화로 바뀌었다. 우리는 근로자들의 전환배치 증가 덕분에 고품질의 제품을 저렴하게 얻고 있다. 건강 관리에서는 컴퓨터와 알고리즘이 양질의 진단을 하고, 로봇은 고도로 숙련된 의사를 대체하는 정교한 수술을 수행한다. 경찰서는 이제 범죄의 해결과 예방을 위해 데이터 마이닝 및 예측 분석에 크게 의존하여 인간의 연역적 추론이 필요치 않게 된다. 자율 주행 자동차가 눈앞에 다가왔다. 인간의 노력이 가장 많이 투입되는 전쟁에서, 우리는 적을 찾아내고, 습격하고, 그들의 능력을 식별하고, 적절한 무기로 표적을 지정하고, 파괴하는 것을 포함한 전쟁의 모든 단계를 다루는 기계들을 설계하고 있다.

문제는 전환 속도와 방향에서 토론이나 이해의 크기이다. 이것은 러다이트 운동[27]의 외침이 아니다. 비록 전부는 아니지만 이런 발전 대부분은 많은 장점이 있다. 우리는 품질, 안전과 보안에서 많은 가치를 얻는다. 그러나 동시에 잃는 것도 있다. 시민 사회에서 노동은 개인의 복리와 자존감의 기본이다. 세계의 인구는 폭발적으로 느는데 우리는 빠르게 인간의 노동을 쓸모없게 만들고 있다. 수학, 항법, 합리적인 숙고와 의사결정과 같은 인간의 기본 역량이 손실되어 가고 있고, 운전이나 비행기 조종 같은 복잡한 활동도 마찬가지로 손실되어 간다. 우리가 이러한 능력을 기계에 양도할 때, 그것들은 우리 안에서 위축된다. 이는 시민 사회에 심각한 결과를 초래한다. 전투에서 인간 능력이 소외되는 것은 정말 끔찍한 상상이다.

---

27 역자 주: 19세기 초(1811~1816) 영국에서 일어난 섬유기계 파괴 등 반산업혁명 급진운동. 일반적으로 신기술에 반대하는 사람을 의미함.

현재의 추세가 지속된다면 전쟁은 인간들 사이의 투쟁이라기보다는 기술의 시험이 될 것이다. 어느 쪽이든 인간들은 그 결과로 죽게 될 것이다. 인간들 사이 투쟁의 경우, 인간은 수반되는 모든 것과 함께 인간의 생명을 차지한다. 비사법적, 약식 또는 자의적 처형에 관한 유엔 특별보고관이 지적한 바와 같이 "로봇의 표적은 무기 뒤에 사람이 있는 것처럼 인간성에 호소할 수 있는 선택의 여지가 없다".[28] 한 군인이 알고리즘에 의해 죽게 된다면 그것은 그 군인에 대한 궁극적인 모독이 될 것이다.[29]

우리는 기술에 대한 사랑이 우리의 판단을 흐리게 하거나, 전쟁의 현실에 대한 우리의 생각을 흐리게 하거나, 군사전략가들을 달래어서 미국이 항상 기술적 우월성을 누릴 것이라는 잘못된 믿음에 빠지지 않는 것 등을 주의해야 한다. 기술에 대한 과도한 의존이 군인의 군인다움에 대한 사고방식을 바꿀 것이라는 고위 전투 지도자들의 우려를 반영하여, 멕메스터 중장은 "일부 사람들이 근본적으로 의지의 대결인 인간적이고 정치적인 활동으로서의 전쟁의 본성을 무시하면서, 미래전의 문제에 대해 단순하면서 주로 기술 기반의 해법들을 지속해서 옹호하기 때문에 전사정신이 위험에 처해있다"라고 말했다.[30]

---

28 Chris Baraniuk, "World War R: Rise of the Killer Robots", New Scientist, November 15, 2014.

29 Robert H. Latiff and Patrick J. McCloskey, "With Drone Warfare, America Approaches the Robo-Rubicon", The Wall Street Journal, March 14, 2013.

30 Janine Davidson, "The Warrior Ethos at Risk: H. R. MaMaster's Remarkable

기술은 군대의 제도를 변화시킨다. 기갑 차량은 기병과 동반한 모든 병참을 전혀 다른 조직, 교리 및 병참으로 대체했다. 대륙간탄도미사일은 완전히 새로운 병력 구조와 일련의 행동 규칙을 만들었다. 항공모함은 전함 해군의 시대의 종지부를 찍었다. 핵무기의 등장은 군대 조직과 훈련과 무장 방법을 변화시켜서 그 결과 핵전쟁에서 싸울 완전히 새로운 교리와 전략 및 전술 군대를 탄생시켰다. 그 뒤에 군대는 더 작아지고 국지적인 전쟁을 하도록 설계되었다. 이제 우리는 점점 커지는 사이버전 의존성을 수용하기 위해 군대를 재조직하고 있고, 드론 조종사들에 대한 완전히 새로운 부대와 교리를 만들고 있다. 이런 조직과 제도의 변화와 함께 훈련과 교육에서 변화와 실제로 군인들의 잠재적 적과 그들의 전우들에 관한 생각의 변화가 뒤따를 것이다.

너무도 자주, 잠재적 결과에 대한 비교 조사 없이 기술 해법이 끈질기게 추구되고 적용되고 있다. 이것은 시민 생활, 특히 군대에서 그 결과가 치명적이다. 예일대학 윤리학자 웬델 왈라크는 그의 저서 『위험한 주인(A Dangerous Master)』에서, 우리는 아마도 기술발전과 그 영향에 대처하는 우리의 능력이 어떤 변곡점에 있을 거라고 강조했다.[31] 즉, 우리는 기술 자체에 대한 통제를 상실

Veterans Day Speech", *Defense in Depth* blog, Council on Foreign Relations, November 18, 2014.
http://blogs.cfr.org/davidson/2014/11/18/the-warrior-ethos-at-risk-h-r-mcmasters-remarkable-veterans-day-speech/

31 Wendell Wallach, *A Dangerous Master: How to Keep Technology from*

하거나 그것을 통제할 방법을 찾거나 하는 어떤 교차로에 있다. 나는 오히려 그 쟁점을 어떤 발산의 문제로 생각하고 싶다. 기술은 복잡해지고 있는 반면에, 그것을 이해하려는 우리의 능력과 욕망은 쇠퇴하고 있다. 우리는 그 발산이 계속되도록 내버려 둘 것인가? 아니면 우리가 그 발산을 느리게 하면서 한 사회로서 우리가 무엇을 하고 있는지 찬찬히 살펴볼 것인가? 여기에 책임 있는 연구개발 조직들이 계획을 더 잘 세우고, 검토를 더 많이 하라고 강요할 수 있다. 의사결정권자들은 무기체계 개발 착수 이전에 더 많은 논쟁을 요구할 수 있다.

신기술의 급속한 도입으로 무력분쟁법들에 관한 관심이 그 어느 때보다 중요해졌다. 더 급진적인 기술에 관한 연구는 그것의 윤리적, 도덕적 영향에 대하여 더 깊게 고민해야 한다. 국방고등연구계획국은 최근 연구와 관계된 일부 윤리적, 법적, 사회적 문제들을 강조하기 시작했다.[32] 국방고등연구계획국은 오랜 기술 성공의 역사를 누렸지만, 사생활과 시민들의 자유에 대한 우려를 불러일으켰던 2003년의 총 정보 경보 프로그램(TIA; total information awareness)과 같은 심각한 실패도 경험했다.

2010년에 국방고등연구계획국은 전미 과학아카데미(the National

Slipping Beyond Our Control (New York: basic Books, 2014).

32 Jean-Lou Chameau, William F. Ballhaus, and Herbert S. Lin, *Emerging and Readily Available Technologies and National Security: A Framework for Addressing Ethical, Legal, and Societal Issues* (Washington, DC: National Academies Press, 2014).

Academy of Sciences) 기술의 윤리적, 사회적 영향을 철저히 조사하는 획기적인 연구를 후원했다. 이 연구 결과는 현재 민군겸용으로 점점 널리 이용되고 있다. 나는 그 연구 위원회의 위원 중 한 명이었는데, 우리가 국방고등연구계획국을 위하여 첨단 연구에 관하여 식별했던 일부 잠재적인 질문들과 고려사항들은 다음과 같다: 연구 또는 응용은 우리를 인간으로 만드는 데 필수적인 것과 절충해서 나온 것인가? 보다 과학적인 지식 또는 더 나은 기술이 어떻게 안전, 인간 사용의 적합성, 또는 적용의 정확성 같은 문제들에 영향을 끼치는가? 만약 영향이 있다면, 새로운 군사적 적용과 연관된 피해의 본질은 무엇인가? 만약 적이 신기술의 표적이라면 그들은 어떻게 대응할까? 우리가 우리의 지원으로 개발된 기술 적용의 표적이 된다면, 우리는 어떻게 대응할 것인가? 기술 적용의 시민 자유, 경제적 관계, 사회적 관계에 대한 영향은 무엇인가?

다른 관련 있는 쟁점 중에서 전미 과학아카데미의 보고서가 토의한 중요한 주제들은 다음과 같다: 과학자들이 그들의 연구가 손해를 끼치지 않는다는 것을 사전에 시연해야 하는 연구의 예방적 원칙; 의사결정권자들이 결과주의적 접근을 채택하는 비용편익 분석; 그리고 책임 있는 기관들이 대중에게 또는 그들의 지원을 보장하는 다른 중요한 잠재적인 기술 수혜자들에게 적절하고 유용한 정보를 제공해 주는 위험 소통 채널 등이다. 연구 위원회는 또한 국방고등연구계획국에 정부연구조직들이 지장을 최소화하면서 그들 연구의 윤리적, 사회적 영향의 행동 분석을 정기적으로 하는 방법을 추천했다.

2014년 그 보고서에 관하여 글을 쓴, 위원회의 또 다른 위원인 카네기 멜론 대학의 사회과학자 바루쉬 피쉬호프는 "특정한 연구 상황은 상황에 특정된 분석을 요구한다"라고 말하면서, 개별 기술들에 대한 상세한 추천이 눈에 띌 만큼 없다는 것을 언급했다.[33] 그는 어떤 연구 프로젝트와 관련 있을 수 있는 윤리적인 원칙들에 관해 이야기를 계속 이어 나갔다: "윤리적인 원칙을 가려내는 것은 윤리학자들, 정신적인 리더들, 그리고 다른 사람들에 의하여 그 프로젝트에 영향을 받는 사람들과 함께 사려 깊은 분석이 요구된다". 국방고등연구계획국은 사실 다른 윤리학자 그룹들에 신경과학, 생물학, 그리고 사생활과 시민 자유에 관한 그들의 연구를 검토해줄 것을 요청했다. 이것은 정부와 산업계를 통하여 표준이 될 필요가 있다.

이런 질문들은 전투원들의 우려와는 다소 거리가 먼 것처럼 보이지만, 그렇지 않다. 결국, 군대는 전쟁법에 맞는 미래 전투 방법을 찾아낼 것이다. 그것이 그들의 할 일이고, 잘하고 있다. 하지만 여전히 의문들은 남아 있다. 우리 군대가 전쟁법을 잘 따르는 동안에, 그들은 그들의 행동의 영향을 판단할 수 있게 윤리적으로 갖춰져 있는가? 반대로, 의사결정권자들과 군대가 봉사를 맹세한 대중들은 이를 이해하거나 관심을 가지는가? 안타깝지만 그 예측이 희망적이지는 않다.

---

33 Baruch Fischhoff, "Ethical and Social Issues in Military Research and Development", *Telos* 169 (2014):150-54.

4장

사회와 군대

4장

사회와 군대

중요한 것은 여기서 발생한 것이 아니라 저 뒤에서 일어나고 있는 일이었다. 중위, 당신은 전쟁이 벌어지고 있었다는 걸 거의 모를 것이다. 신문에 나고, 대학생들이 소리를 지르며 뛰어다니지만, 그것으로 끝이다. 비행기 조종사들은 여전히 그들의 비행기를 몬다. 기업인들은 여전히 그들의 사업을 운영한다. 대학생들은 여전히 대학교로 간다. 다른 사람들을 제외하고는 정말로 아무 일도 일어나지 않는 것 같다. 우리를 제외하고 어떤 사람도 건들지 않았다.

— 질리랜드 하사,

Field of Fire, by James Webb

사람들은 당신이 겪은 일을 모르고, 알고 싶어 하지도 않는다…. 전쟁채권 사기 운동도 없다. 세금 인상도 없다. 식품수집 운동 또는 고무수집 운동도 없다…. 내 전쟁은 누구도 가본 적 없는 기이한 캠핑 여행이라는 생각이 든다.

– 이라크전 참전용사

미국은 숨 막히는 기술 역량과 놀랄만한 수준의 새로운 첨단 무기 병기창고를 가지고 있다. 이러한 새로운 능력은 엄청난 군사적 이점을 가져다주지만, 믿을 수 없을 정도로 복잡하고 현재의 무기들과는 근본적으로 다르며 군인들에게 윤리적 도전을 제기할 것이다. 신무기들과 새로운 전쟁 방식에 적응해야 하는 직업군인들은 새로운 방식을 원하고, 반면에 고위급 군사계획가들과 지휘관들은 윤리적 쟁점들에 대한 우려와 의도를 공개적으로 표현한다. 하지만 군대 말고는 누가 신경을 쓰겠는가? 누가 기술을 이해하고, 누가 우리 군인들이 직면한 문제를 이해하거나 걱정하겠는가?

미군은 지난 세기에 극적으로 변했다. 세계대전과 굴욕적인 베트남전 이후, 명확한 목표 없이 분쟁에 참여하는 것을 점점 더 꺼리고, 사상자에 대한 혐오감이 커지고, 첨단 무기에 대한 끝없는 열망으로 인해 심각한 변화를 겪었다. 베트남전 이후는 군대가 자체적으로 재설계하고, 재편성하고, 현대적인 장비와 전술로 재정비하는 시대였다. 미국은 기술 강국이 되었다.

미국의 역사는 전쟁과 기술에 의해 정의된다. 미국인들은 막대한 비용을 무기에 지출하고, 다른 국가들에 공격적으로 무기를 수출해 왔다. 미국은 자신들의 기술적인 우월성을 가정한다. 이

가정은 점점 더 도전받고 있으며, 미국인들이 다른 나라 사람들에게 그들의 의지를 강요할 수 있다고 생각하면, 그 가정은 잠재적으로 위험한 결과를 초래할 수 있다.

냉전이 종식된 이래 군대만 변한 게 아니라, 군대와 사회의 간격도 더 벌어졌다. 징집병들이 싸운 베트남전은 심각한 사회적 혼란을 초래했다. 냉전이 끝날 무렵 두 초강대국이 더 이상 서로를 말살하겠다고 위협하지 않았을 때, 미국인들은 평화의 잠재력을 구축하기보다는 공산주의에 대한 민주주의의 승리에 대해 기뻐했다. 미국은 구소련 국가에 대한 접근을 민주주의와 인권이 아니라 자본주의를 장려하는 기회로 여겼다.[1] 미국은 세계 곳곳에 걸쳐서 많은 작은 분쟁들에 개입했다. 이는 우선순위가 잘못되었고, 대중은 관심을 잃었다.

오늘날 군대와 군대가 봉사하도록 설계된 사회 사이에는 엄청난 거리, 즉 틈이 있다. 군인이 자신을 전문 직업인으로 보는데 중요하고 국가가 보고자 하는 방식에 중요한 질문인, 전쟁에서 어떻게 행동해야 하고 적절한 무기를 사용해야 하는지에 대해 대부분의 미국인은 거의 관심이 없는 것 같다. 실수는 용납될 수 없다. 미국 대중과 그들 지도자의 고의적인 무지는 위험한 결과를 초래할 것이다. 많은 정치인을 포함한 대부분의 미국인은 상황이 발생할 때까지 군사 문제에 거의 관심을 기울이지 않았다.

1 Interview with Thomas Graham, *Frontline*, PBS, http://www.pbs.org/wgbh/pages/frontline/shows/yeltsin/interviews/graham.html.

그런 다음 그들은 사실보다 감정과 정치적 편의에 따라 행동했고, 그 결말은 대부분 좋지 않았다.

오만, 예외론, 그리고 자만

수십 년 동안 미국인들은 기술을 만병통치약으로 여겨 왔다. 조립 공정, 전기화, 자동화, 컴퓨터, 즉각적인 통신, 화학을 통한 더 나은 생활, 의료 분야의 고급 진단은 모두 미국의 문제를 해결하는 데에 기술에 대한 그들의 깊은 의존성을 나타낸다. 물론 이런 진보는 반박하기가 힘들다. 완델 왈라크는 "기술의 성장은, 우리 인간이 기술에서 원하는 것과 기술이 우리가 원하고 필요로 하는 것을 제공할 수 있다는 믿음으로 구매하려는 우리의 의지의 결과다"라고 강조했다.[2]

영국 작가 크리스토퍼 코커는 우리에게 투키티데스의 펠로폰네스 전쟁사의 교훈 중 하나는 아테네인과 달리 우리는 결코 우리 자신의 힘에 유혹되어서는 안 된다는 것이라고 말했다.[3] 2003년 이라크 침공이 그 경우다. 그 당시 의사결정권자들은 미국의 압도적인 군사 우월성으로 전쟁은 수일 내에 끝날 것이고,

---

2 Wallach, *A dangerous Master*, 60.

3 Christopher Coker, *Ethics and War in the 21st Century* (London: Routledge, 2008), 156.

그림 29. 모가디슈의 버려진 (구)소련의 비행장에 주둔한 미 해병대, 1993년 2월 25일

미국은 해방자로서 열렬한 환호를 받으며 환영받을 것으로 가정했다. 전투의 첫 단계는 짧았던 반면에, 기술의 과시로부터 생겼을 미국의 오만은 침공 후의 어려운 현실로부터 눈멀게 했다. 군대로서 그리고 국가로서 미국은 '무적'이나 '오만함'이라는 망토를 취해서는 안 된다. 그러한 우월감은 종종 이라크에서의 긴 악몽, 소말리아로의 굴욕적인 침공(그림 29 참고), 심지어 로날드 레이건 대통령의 레바논 해병대 투입과 같은 재앙적인 결과를 초래하는 군사적 오산으로 이어졌다. 일부 고위 군인들은 더 좋은 계획을 촉구했고 미국의 이라크 침공이 가져올 불안정성을 이해했다. 그러나 그들은 무시당했고, 우리는 여전히 살아서 얼마 동안은 그 전쟁의 끔찍한 여파를 안고 가야 했다. 고삐 풀린 군사적 모험

주의는 행동의 결과에 대해 심사숙고할 수 없게 한다.

경험을 통하여 학습했음에도 불구하고 많은 사람은 여전히 미국의 기술력이 미국을 무적으로 만든다고 생각한다. 무수한 기술 광신도들은 모든 문제가 과학으로 해결될 수 있다고 믿으며, 군사 광신도들은 미국의 놀라운 신무기들이 적은 사상자로 모든 전쟁에서 승리할 수 있게 해줄 것이라고 믿는다. 빈번한 군사력 사용에 대한 지지자 중 다수는 기술이 모든 잠재적인 적들보다 의심할 여지 없는 우월성을 미국에 부여할 것이라고 주장한다.[4] 그와 같은 자만, 예외주의의 감정과 군국주의 모두가 현명한 판단을 무시하게 한다. 미국의 경탄할 만한 기술은 오히려 미국을 불필요하고 쓸데없는 폭력에 개입하도록 부추겼을 수도 있다. 합참의장 콜린 파월 대장과의 1993년 어떤 만남에서 당시 국무장관 마델레인 올브라이트는 "우리가 그것을 사용할 수 없다면 당신이 항상 이야기하는 이 훌륭한 군대는 무엇을 의미합니까?"라고 물었다.[5] 많은 지도자와 의사결정권자가 미국의 기술력에 힘입어 더 많은 군사 자원을 요구하고 미국의 군사력을 과도하게 과시해야 한다고 주장한다.

미국이 1991년 걸프전에서 사담 후세인을 손쉽게 격파했을 때, 마치 오락처럼 대중은 CNN의 생중계로 그것을 지켜보았다

4 MacGregor Knox and Williamson Murray, eds. *The Dynamics of Military Revolution, 1300-2050* (New York: Cambridge University Press, 2001), 190.

5 Walter Isaacson, "Madeleine's War", *Time*, May 17, 1999.

그림 30. 스커드 미사일 발사 장면

(그림 30).

군사 계획자들 사이에는 우리가 군사적 문제에서 혁명을 겪고 있다는 견해, 즉 미국의 군사적 기술 우위가 전쟁의 안개와 마찰을 제거할 것이라는 견해가 있었다. 그다음 십 년은 군사적 변혁과 컴퓨터 네트워크 중심전의 시대가 되었다. 그것은 닷컴 시대의 군사 버전이었고, 마찬가지로 기술이 제공하는 기능에 대한 진지한 생각이나 반성 또는 냉정한 판단이 부족해 보였고, 또한 그러한 일방적이고 기술 중심적인 접근의 지혜에 대한 진지한 생각이나 반성 또는 냉정한 판단도 부족해 보였다. 나는 우리가 인공지능과 자율 시스템들의 기대되는 혜택에 대하여 전반적으로 긍정적인 관점을 가지고 있는 것이 두렵다. 나는 이러한 오만함이 미국 사회 구조 일부가 되었고, 군대의 권력과 적절한 사용

그림 31. 미군의 무장 드론

모두에 대한 거대한 시각으로 이어졌다고 믿는다. 우리가 기술에 대해 비현실적 관점을 가질 때, 정치가들이 너무 빨리 방아쇠를 당기는 바람에 우리는 정보 없이 결정을 내리게 된다.

걸프전에서 미국은 그 이전의 10년 동안 그들이 투자했었던 모든 놀라운 기술을 과시하는 기회를 얻었다. 1990년대에는 군과 민간 국방 지도자들이 미국의 우위를 선전하면서 기술에 대한 유혹이 계속되었다. 2001년 9·11 공격과 뒤이은 이라크와 아프가니스탄 침공과 전쟁 후에, 미국은 무장 드론들과 대규모의 새로운 감시 기능들을 등장시켰다(그림 31). 10년 넘게 미국은 더욱 정교한 센서들, 살상력이 더 큰 무기들, 더 커진 침투력의 정보 기법에 크게 투자했다. 언론인 제임스 만은 "군사력이 너무 강력해서 더 이상 다른 국가나 국가의 그룹과 타협할 필요가 없는 미국에 대한 비전이 있었다"라고 말했다.[6] 그 생각처럼 미국이 무적이라면 왜 미국인들이 특정 행동의 결과에 대해 생각해야 할까? 누가 미국인들에게 책임을 물을 수 있을까? 미국이 9·11 공격에 대해 어떻게 대응해야 하는가에 대한 글에서 보수주의 기고가인 찰스 크라우해머는 "권력은 그 자체의 보상이다. 승리는 모든 것을 바꾸고 무엇보다도 심리학을 변화시킨다. '중동'의 심리는 이제 미국의 권력에 대한 두려움이나 깊은 존경심 중 하나다. 지금이 그것을 사용할 때다"라고 말했다.[7] 오만함이 느껴지는 말이다.

미국 대중과 의사결정권자들은 기술이 그들의 의지를 다른 국가들에 강요하는 것을 거의 또는 전혀 부담 없게 해준다고 계속 여긴다. 국방고등연구계획국의 아라티 프라브하카 박사는 많은 고위 의사결정자가 이러한 기술에 대한 실질적인 이해가 부족하지만, 종종 약속된 기능을 기반으로 결정을 내린다는 데에 동의했다.

그의 저서 『가상 전쟁: 코소보와 그 뒤(*Virtual War: Kosovo and Beyond*)』에서 마이클 이크나티에프는 현대의 전사들에게 그들이 전쟁의 현실과 너무 동떨어지게 되면 부딪치게 될 "도덕적 위험"

---

6 James Mann, *Rise of the Vulcans: The History of Bush's War Cabinet* (New York: Penguin, 2004), xii.

7 Charles Krauthammer, "How Fast Things Change", Townhall, November 30, 2001, http://twonhall.com/columnists/charles krauthammer/2001/11/30/how-fast-things-change-n1401085.

에 대하여 경고했다.[8] 또한 "우리는 전쟁을 피 묻은 칼이 아니라 수술용 메스로 보고, 그렇게 함으로써 죽음의 도구를 잘못 설명하는 것처럼 우리 자신을 잘못 설명한다"라고 말했다. 그는 미국은 독선적인 무적의 우화에서 벗어나야 한다는 결론을 내렸다.

개발자들은 개발하는 기술의 일부 불안정한 특성과 예상할 수 있는 기술의 다른 부정적인 반응에 대해서는 거의 고려하지 않는다. 전직 러시아군 관리들은 일반적으로 비핵 전략무기로 간주하는 미 공군의 신속 글로벌 공격계획과 같은 프로그램이 다른 국가들 사이에 두려움과 불확실성을 조성한다고 한다. 미국의 목표는 군사적 이점이기 때문에, 이것은 아마도 정확하게 미국 계획자들이 의도한 바일 것이다. 그러나 그런 행동은 다른 나라들이 그들 자체의 유사한, 또는 어쩌면 좀 더 공격적인 프로그램으로 반응하게 할 수 있다. 예를 들면, 러시아는 최근에 미국 항구에 핵무기를 수송할 수 있는 장거리 자율 잠수함의 개발을 선언했다. 우리의 행동은 종종 오만하게 보이고, 전 세계의 많은 관찰자에 따르면, 불필요한 전략적 불안정을 일으킨다. 비생산적이고 값비싼 군비 경쟁이 초래된다. 이런 것들에 대해서 고위 의사결정권자들이 논의하거나 고려하고 있다는 증거는 거의 없다.

영국 학자인 알리스터 혼 경은 고대 그리스인들에게 오만함은 과도한 자신감으로 신들에게 도전하는 지도자의 어리석음이

---

8 Michael Ignatieff, *Virtual War: Kosovo and Beyond* (New York: Picador, 2000), 215.

라고 말했다.[9] 항상 운명의 역전과 궁극적으로 신성한 보복이 뒤따랐다. 오만과 자만의 위험성에 관한 이야기에서, 혼 경은 군사적 승리를 경험한 장군들과 민족주의적 정치 지도자들이 도를 넘고 다음 세대가 그들의 오만과 안주를 물려받아 재앙적인 결과를 초래하는 경향을 설명한다. 혼 경은 "우리와 지도자들이 이해해야 할 것은 승리에 뒤따르는 과식은 잘못된 결정을 내리기 쉽다"라고 경고한다. 아테네에서 아프가니스탄까지 리더들은 그 교훈을 여러 번 배웠지만, 또 잊어버렸다. 역사는 우리에게 자만의 끝이 좋은 적이 거의 없다는 것을 상기시킨다.

HBO 시리즈 뉴스룸(*Newsroom*)의 첫 번째 에피소드에서 가상의 케이블 뉴스 진행자는 영리하게 생긴 대학생으로부터 미국이 세계에서 가장 위대한 나라인 이유를 설명해달라는 질문을 받는다. 충격을 받고 놀란 생방송 청중에게 그는 미국이 지금 세계에서 가장 위대한 나라가 아니라 예전에 그랬었다고 대답한다. 그런 다음 그는 미국이 다른 국가보다 뒤처지고 있는 모든 지표와 현재 미국이 문제에 접근하는 방식에서 그다지 긍정적이지 않은 차이점을 나열한다. 이 가상 인물의 결론이 그의 데이터 또는 극작가의 의도에 동의하는지는 중요하지 않다. 요점은 사실에 의해 뒷받침되지 않는 미국의 '예외주의'에 대한 진부한 주장은 무책임하다는 것이다. 미국인들 모두 미국이 다른 나라보다 낫다고

---

9 Alistair Horne, *Hubris: The Tragedy of War in the twentieth Century* (New York: HarperCollins, 2015).

믿고 싶어 할 수 있지만, 그렇다고 주장하는 것은 극단적으로 오만한 것이다.

미국에는 무엇이 예외주의를 구성하는지에 대해 큰 논쟁이 있다. 한편으로는 그것을 원초적인 힘으로 동일시하는 사람들도 있다. 그것은 의심할 여지없이 비범한 군사력이다. 군사력이 없으면 자신이나 다른 사람을 방어할 수 없고 강한 위치에서 말할 수 없으므로 군사력은 분명히 중요하다. 그러나 미국은 자주 괴롭히는 사람처럼 행동한다. 미국의 많은 "개입"이 그 증거다. 나와 같은 다른 사람들은 예외주의를 우리의 가치관과 결부된 매우 다른 것으로 간주하고, 이를 "부드러운" 힘, 선행으로 영향을 미치는 능력, 사려 깊은 행동, 좋은 본보기를 설정하는 측면에서 생각하는 것을 선호하며, 이 모든 것은 미국이 가진 원초적인 힘을 사용하려는 우리의 의지로 뒷받침되지만, 필요한 경우에만 가능하다.

언론

대중과 일부 지도자들은 군대에 대한 이해를 어디에서 얻는가? 대중은 군대와 사실상 분리되어 있으므로 군대가 실제로 무엇인지 그리고 무엇을 하는지에 대해 알려고 하는 동기가 거의 없다. 아는 지식이 기껏해야 피상적이며 일반적으로 뉴스나 텔레비전, 영화 및 인터넷에서 수집된다. 하지만 그것은 왜곡된 이미지다.

1980년대에 24시간 케이블 뉴스의 출현은 뉴스 보도에서 언론의 역할을 근본적으로 변화시켰다. 경쟁과 수익성에 대한 수요로 인해 케이블 뉴스 매체는 시간을 뉴스 콘텐츠로 채워야 했다. 시청자는 전 세계의 주요 사건에 대한 지속적인 속보로 이점을 얻지만 이러한 실시간 보고에는 전후 사정의 설명이 부족한 경우가 많다. 중동이나 우크라이나에서 무고한 사람들이 죽거나 다치는 것을 보는 것은 참으로 가슴 아픈 일이지만, 그러한 보도에는 배경 지식이 없는 경우가 많다. 슬프긴 해도 시청자는 원인이 아닌 사건에 대해서만 듣고 있다.

케이블 뉴스가 중요한 발전이라면, 인터넷은 비범한 발전이다. 적어도 케이블에서는 편집 제어의 가능성이 있지만, 인터넷에는 아무것도 없다. 조직과 개인은 모든 사람이 볼 수 있도록 진실이든 거짓이든 무엇이든 게시할 수 있다. 케이블 뉴스는 다양한 관심 그룹에 맞게 뉴스를 맞춤화하는 것을 가능하게 했다. 인터넷은 개인이 아이디어에 수렴하고 서로의 믿음을 증폭시켜 반대되는 견해를 없애는 것을 가능하게 한다.

우리는 이제 일부 사람들이 말하는 "탈 진실" 시대에 접어들었는데, 이 시대는 사실적 반박이 무시되는 논점을 반복적으로 주장하는 것으로 특징된다. 탈 진실 시대에는 사실이 중요하지 않다. 전략으로서 그것은 사람들이 자신의 신념이 비슷한 견해를 가진 다른 사람들에 의해서 지속해서 강화되기 때문에 비판적 사고를 생략하게 만든다. 러시아 언론 관계자 드미트리 키셀료프는

"중립 언론의 시대는 지났다"라고 지적했다.[10] 이것은 정치적인 영역에서 몹시 안 좋다. 지정학 및 군사적 문제에 적용하면 거짓이 불필요한 폭력 행위로 이어질 수 있어서 이것은 재앙적인 결과를 초래할 수 있다.

대중이 군대에 대해 알고 있거나 생각하고 있는 것의 대부분은 오락물로부터 나온 것이다. 매년 군대와 전쟁을 낭만적으로 그린 영화가 제작되어 관객들의 마음을 사로잡고 있다. 그것들은 전쟁의 한 측면만을 조명하고 전쟁을 미화한다. 그것들은 정확한 무기와 우리의 대의적 도덕성과 정의를 (비디오 게임과 마찬가지로) 묘사한다. 종종 영화 제작자는 극화를 위해 상황을 왜곡한다. 나는 여러 번 고위 의사결정권자에게 궤도 역학의 한계로 인해 인공위성을 어떤 관심 지역으로 "비행"하여 사진을 찍는 것이 불가능하다는 것을 설명해야 했다. 전쟁과 그 결과에 대해 진지한 학술 서적이 저술되었지만, 대중 대다수는 이것을 무시한다.

수십 년 동안, 언론은 전쟁을 영웅적인 것으로 묘사하고 그 참혹함을 보여주지 않았다. 영화 〈지옥의 묵시록〉, 〈플래툰〉과 베트남전을 주제로 한 다른 영화들은 전쟁의 광기와 잔혹함을 묘사했지만 주로 그 갈등의 추잡한 정치에 초점을 맞췄다. 테러와의 전쟁에서 고도로 훈련되고 유능한 특수 작전 부대는 지구에서 멀리 떨어진 지역에서 공습을 수행한다. 미국인들은 당연히 자랑스러워하지만, 여전히 영향을 받지는 않는다. 비밀 직진과 영웅

10 Derek Bacon, "Yes, I'd Lie to You", *The Economist*, September 10, 2016.

적인 미국 저격수에 대한 영화가 만들어지고, 대중은 에어컨이 설치된 극장에서 대리로 "전쟁"을 경험하게 된다. 오늘날 특수부대와 영웅적인 델타포스 또는 네이비씰 팀에 관한 이야기가 유행하고 있다. 군대에 대한 직접적인 지식 없이 미디어를 통해서만 경험하는 사회는 군대와 전쟁 전반에 대해 매우 편향되고 낭만적이며 확대된 관점을 갖게 될 것이다. 사람들은 일상생활에 실제로 영향을 받지 않는다고 생각하기 때문에 더 깊이 조사할 동기가 없다.

군인들의 강력한 격려로 미디어와 대중은 최근 몇 년 동안 전사들에 대해 고대 조상인 스파르타인과 관련하여 토론하는 것을 좋아했다. 전 군사 정보장교인 짐 굴리가 〈포린 폴리시〉(Foreign Policy)에서 설명했듯이,[11] 현대 군사문화는 스파르타인들의 실체에 대한 매우 낭만적인 믿음을 검증하기 위해 스파르타인들의 삶에 대한 전체 신화를 가공했다(그림 32). 미국의 군사문화가 의심의 여지없이 그 신화를 사실로 받아들이고, "미국 스파르타인"이라는 개념을 추구하는 과정에서 사람들이 스파르타인도, 미국인도 아닌 무언가가 되고 있다는 것은 위험한 현상이다. 굴리는 스파르타가 건축, 문학, 예술 또는 과학이 거의 없다시피 하고, 미국의 군사적 유산의 대부분은 그것에서 비롯되지만, 미국의 정치와 문화는 모두 아테네에서 파생되었다는 아이러니를 지적한다.

11 Jim Gourley, "Welcome to Spartanburg!: The Dangers of This Growing American Military Obsession", *Foreign Policy*, April 22, 2014.

그림 32. 미국 군사문화의 신화적 기반인 스파르타 전사

내가 주목한 한 가지 불안한 경향은 국방부의 의사결정권자들이 듣고 싶은 것에 따라 "뉴스" 선택을 걸러내는 경향이다. 적어도 내 경험에 비추어 볼 때 사회의 추세를 반영하여 군대 지도자들은 다른 모든 채널보다 하나의 케이블 뉴스 채널을 선호한다. 고위 군인 및 국방 분야 민간인들이 거주하는 국방부의 소위 E-Ring 사무실을 수년에 걸쳐 수없이 방문하면서, 나는 TV가 항상 폭스 뉴스를 방영하고 있음을 발견했다. 추가 화면이 있으면 CNN이 방영되었다. 기록에 의해 충분히 입증된 군인들의 보수 성향을 참작할 때, 텔레비전 선호도는 국방부가 종종 큰 반향실의 기능을 한다는 것을 다시 한번 보여준다.[12] 특히 군대에서는

12 Frank Newport, "Military veterans of All Ages Tend to Be More Republican",

균형이 필요하다.

전투를 해 본 적이 없는 사람들은 적을 두려움에 떨게 하면서 고지를 향해 가는 영웅적인 군인의 개념을 떠올리기 쉽다. 그것은 현실의 위험한 허구 버전이다. 미국 대중과 언론에는 모든 미군을 영웅으로 부르는 경향이 있다. 실제로 많은 현역군인과 퇴역군인이 그 명칭의 굴레를 쓰고 있다. 중요한 전투를 경험한 일부 사람들은 그것이 실제로 총탄 속에서 영웅심을 보여준 사람들을 비하한다고 느끼며, 불쾌하게 생각한다고 나에게 말했다. 내 학생 중 한 명인 전투를 경험한 적이 없는 전직 해병대원은 그런 것들이 자신을 사기꾼처럼 느끼게 한다고 불평했다. 해병 조종사 칼 포슬링은 "위험에 노출되거나 어느 정도의 희생을 견디는 것만으로는 영웅이 되지 않는다"라고 말했다.[13] 또한 그는 대중이 자주 참전용사를 영웅으로 인정하는 것을 언급하며 "박수를 기다리는 많은 사람이 변두리 동네의 세븐일레븐 점원 정도의 목숨을 걸고 있다"라고 말했다. 군인들을 영웅처럼 만드는 것이 점점 더 대중화하는 현상에 도전하는 퇴역한 공군 중령 윌리엄 아스토어의 말을 빌리자면, "단단한 제복은 갑옷이 찌그러져도 영웅이 되는 마법의 지름길은 아니다."[14]

Gallup, May 25, 2009, http://www.gallup.com /poll/118684/military-veterans-ages-tend-republican.aspx.

13 Carl Forsling, "If You Call All Veterans Heroes, You're Getting It Wrong", *Task and Purpose*, August 5, 2014.

14 William J. Astore, "Every Soldier a Hero? Hardly", *Los Angeles Times*, July

고의적 무지

우리가 보았듯이 대중은 이제는 먼 나라에서 벌어지는 갈등을 무시하거나 피상적인 관심만 기울이는 사치를 누리지 못할 것이다. 문제는 전쟁에 관한 결정이 사려 깊고, 정보에 입각하고, 합리적일 것인지 아니면 무식한 의견에 근거할 것인지가 될 것이다. 미국과 유럽에서 최근 테러범들의 공격은 테러에는 국경이 없다는 것을 보여줬다. 이것은 미국인 모두에게 영향을 끼치는 사건들이고, 미국인들은 자신에게 이야기하는 신화가 아닌 사실에 기반한 옳은 결정을 하는 기회를 앞당겨야 할 것이다. 그렇게 하지 않으면 몸소 위험에 처하고 재앙을 초래할 수 있다. 미국의 기술적 우위가 미국인들을 혼란스럽게 하고 이길 수 없는 해외 분쟁으로 이끌도록 내버려 둘 수 없다. 미국의 실제 또는 가정된 기술 우월성이 전쟁을 결정하는 가장 중요한 요소가 되어서는 안 될 것이다. 미국을 위험에 빠뜨릴 막대한 인적 및 재정적 보물을 고려할 때 미국은 진지한 숙고 후에만 분쟁에 뛰어들어야 한다.

미국인들은 국가적으로 중요한 문제에 대해 의지는 말할 것도 없고, 진지하게 숙고할 수 있는 능력이 있을까? 군대를 옹호하는 것은 언론을 통해 알려진 미국인들의 기본 결론이며, 슬프게도 그것은 더 복잡한 선택에 대한 인내심이나 이해 능력이 거의 없는 의사결정권자들이 선호하는 선택이다.

22, 2010.

설문 조사가 지속해서 보여주는 것은 미국에서 과학적 소양이 매우 열악한 상태라는 것이다. 미국은 다른 많은 국가보다 과학, 기술, 공학 및 수학에서 낮은 순위를 기록했다. 미국은 이제 대학 학위를 가진 25~34세 인구수에서 12위를 차지하고 수학 및 과학 교육의 질에서 139개국 중 52위를 차지한다.[15] 세계에서 가장 비싼 미국 의료시스템에 대한 평가는 일관되게 처참하다. 의료 비용이 GDP의 18% 정도 차지하는 미국은 다른 11개 선진국과 비교하면 접근성, 효율성 및 품질 측면에서 꼴찌이거나 거의 꼴찌에 있다.[16] 한때 미국 학교에서 요구되었던 외국어와 외국 문화에 대한 학습은 이제 그저 기이한 생각일 뿐이다. 2009년, 11개 주에서만 12학년 교육 일부로 모든 언어 학습이 요구되었다.[17] 미국 교육시스템은 세계 최고의 대학들을 포함하고 있지만 많은 시민에게 실망을 안겨준다. 또한, 무작위로 시민에게 묻는다면 그들은 공군 비행대가 육군 중대에서 출발했다는 것을 모를 것이다.

슬프지만, 알지 못할 뿐만 아니라 알기를 거부하는 사람들

15 Ray Williams, “The Cult of Ignorance in the U.S.: Anti-Intellectualism and the ‘Dumbing Down’ of America”, Progreso Weekly, May 29, 2016, http://progresoweekly.us/ cult-ignorance-u-s-anti-intellectualism-dumbing-america/.

16 Olga Khazan, “U.S. Healthcare: Most Expensive and Worst Performing”, *The Atlantic*, June 16, 2014.

17 Russell Berman, “The Real Language Crisis”, American Association of University Professors, September-October 2011, https://www.aaup.org/article/real-language-crisis#.WKtcexB4O8Y.

이 있다. 수백만 명의 시민 외에도 너무도 많은 정치인("지도자")을 포함한 과학 부정론자들은 기후 변화, 진화, 백신의 효능과 안전성을 부정한다. 이러한 이론을 뒷받침하는 압도적이고 반박할 수 없는 과학적 증거에도 불구하고, 일부 사람들은 인간 활동이 환경에 해를 끼친다는 사실을 받아들이기를 거부하고, 어느 현직 의원은 진화론을 "지옥의 구덩이에서 온 거짓말"이라고 말할 수 있으며, 많은 부모가 확증되는 증거가 전혀 없음에도 불구하고 백신이 자폐증을 유발한다고 맹목적으로 믿으며 잠재적으로 치명적인 질병으로부터 그들의 자녀들을 보호하는 것을 거부한다.

외교 및 군사 문제와 관련하여 시아파 무슬림과 수니파 무슬림의 차이점을 알고 있는 대중은 창피할 정도로 극소수이며, 지도에서 시리아, 리비아 또는 스프래틀리 제도를 찾을 수 있는 사람도 극소수이다. 그들이 이 문제에 대해 알고 있고 진심으로 믿는 것은 그들이 가장 좋아하는 케이블 채널 해설자의 말이다. 대부분 시민은 전쟁의 잔혹함과 지옥, 위험에 처한 군인들이 직면한 윤리적 도전에 대해 전혀 인식하지 못하고, 미국이 원할 때마다 미국의 의지를 강요할 수 있는 군사력이 있다고 생각하는 것 같다. 많은 사람이 미국이 세계에서 도전을 받을 때마다 미국은 "무엇이든 해야 한다"고, "눈에는 눈으로"를 실천해야 한다고 생각한다. 행동은 기본 조건이다. 신중함은 시간이 너무 많이 걸린다.

미국 문화에는 반지성주의의 강한 경향과 오랜 역사가 있다. 현재는 과학, 예술, 인문학을 무시하고 오락과 자기 만족적인 무지를 선호하는 형태다. 역사를 통틀어 반지성주의는 종종 폭력으로 이어졌다. 투키디데스의 펠로폰네스 전쟁사에서 디오도투스는 도시 전체를 죽이는 데 있어 복수와 성급함에 반대하며 현명한 결정을 하는 사람이 미치광이 같은 행동이 앞서는 사람보다 적에게 훨씬 더 강력하다고 말했다.[18] 반면에 반지성주의자 클레온은 행동하는 사람이 더 나은 리더라고 말하면서 신중함을 조롱하고 신속한 행동과 형식적인 토론을 주장했다. 국제안보학자인 피터 스코브릭은 대통령 리더십의 가장 중요한 자질 중 하나가 "아무것도 하지 않을 방법과 시기를 아는 것" 또는 "인내를 보여주고 지연을 용인하며 행동하려는 충동을 억제할 때를 아는 것"이라고 강조했다.[19]

윌리엄 맨체스터는 그의 저서 『불로 밝혀진 세상(*A World Lit Only by Fire*)』에서 문맹의 기쁨을 찬양하던 종교개혁 시대의 교육을 받은 남자의 운명을 논했다.[20] 인본주의자들과 학식 있는 사람들이 편협함, 학문에 대한 경멸, 책 불태우기, 심지어 화형에 의한 죽음까지 겪어야 했다. 현재 인터넷 시대의 반지성은 캐나다 작가 레이 윌리엄이 "모든 사실은 의심스럽고, 모든 그림자는 어

---

18 Thucydides, *History of the Peloponnesian War*, Rex Warner 번역 (New York: Penguin, 1972), 213.

19 J. Peter Scoblic, "Presidents Need to Be Able to Do Nothing", *Washington Post*, July 15, 2016.

20 William Manchester, A World Lit Only by Fire: The Medieval Mind and the Renaissance; Portrait of an Age (New York: Back Bay Books, 1992).

떤 비밀의 음모를 가진다. 합리적 사고는 의심스럽다. 비판적 사고는 악마의 연장이다"라고 기술한 것 같은 문화를 만든다.[21] 윌리엄은 이런 반지성을 "화가 난 린치를 하는 무리의 은유적 등가물"로서 연관 짓는다. 미국에서 반지성 공격은 토마스 제퍼슨보다 못한 인물에 대해 평준화되었다. 그의 비평가들은 지성이 사람을 소심하고 무능하게 만들고 지식인은 행동하기보다 동요할 가능성이 크며, 그들은 종종 본질적인 미국적 가치보다 추상적이거나 급진적이거나 심지어 "외국적인" 생각을 선호한다고 믿었다.[22]

그런 본질적인 미국적 가치 중 하나는 적어도 최근에는 '군대의 사자화(the lionization of the military)'가 되었다. 미국인들은 자신의 차에 리본을 달고, 쇼핑몰에서 군인들에게 물건값을 깎아주고, 스포츠 경기에서 군인들을 위한 정성을 들인 공연을 펼치고, 심지어 컨트리송 가수들은 군사의 덕목을 극찬하는 노래를 만든다. 미국인들은 의무복무 없는 운 좋은 대중스타들에게 감사를 표하면서도 동시에 군 복무 중인 군인들에게 감사를 표한다. 그들은 애국심이 없고 배은망덕한 사람으로 보이지 않기 위해 군대를 비판하는 것을 주저한다. 군대는 미국에서 너무 오랫동안 사회로부터 격리되었다. 미국인들은 군대에 대하여 말치레만 할 뿐

21 Williams, "The Cult of Ignorance in the U.S.".

22 Susan Searls Giroux, "Between Race and Reason: Anti- Intellectualism in American Life", *Truthout*, September 16, 2011.

이다. 군대에 입대하거나 대신에 비용을 내야 하는 요구 사항은 없다. 희생도 없다. 1980년대에 레이건 대통령은 미국인들에게 한계 없는 경제력 팽창으로 강력한 국방과 더욱 자유로운 생활방식을 줄 것을 약속했다.[23] 역사는 그 개념이 어리석었음을 증명하였다.

미국인들은 실제로 전쟁이 무엇인지 생각하지 않으려 하고, 진부한 표현과 할리우드 이미지로 자신들을 속이고 위험에 처해있다. 이런 것이 "이라크의 모래에 불을 지를 수 있다"라거나 "ISIS를 날려버리겠다"라거나 "충격과 공포"를 가할 수 있다는 단순한 확신에 찬 미국 권력의 깃발을 흔드는 정치인들과 결합하고, 미국인들은 무지와 망상으로 인해 자멸의 위험에 처한 국가를 가지고 있다.

대중과 군대 사이의 틈

나는 전쟁의 영향을 거의 받지 않은 개별 시민은 지적으로 너무 안일하고 자기중심적이기 때문에 기술 문제와 전쟁, 또는 그 결과에 대해 신경 쓰지 않는다고 믿는다. 무언가에 대해 깊이 생각하는 것은 힘든 일이고 많은 시간을 소모한다. 나는 내가 만

23 Andrew J. Bacevich, The New American Militarism: How Americans Are Seduced by War (New York: Oxford University Press, 2013) 103.

났던 사람들 대부분이 군대 문제와 군인들에 대해 거의 완벽하게 무지하다는 것에 놀랐고 우울했다. 한번은 내가 호텔 로비에서 군복을 입고 동료가 도착하기를 기다리고 있을 때, 누군가가 나에게 다가와 자신의 짐을 자신의 방으로 가져다줄 수 있냐고 물었다. 또 한번은 대도시의 어느 큰 공항에서 한 부부가 내 복무에 감사하기 위해 내게 다가와 내가 상사인지 물었다. 나는 준장이었다. 이것들은 해롭지 않은 무지에 의한 사건들이다. 더 골치 아픈 것은 군인들이 생각 없는 자동기계이거나 심지어 군대에 있는 직업만이 그들이 얻을 수 있는 유일한 직업이라는 것을 암시하는 잦은 질문과 언급이다.

많은 고위 의사결정권자들은 군대를 도구로 보고 군인과 그 가족에 대한 빈번한 배치의 영향을 사실상 무시하고, 전쟁 지역에서 돌아온 후에 사회로의 재통합을 지원하기 위한 노력을 거의 하지 않는다. 모병제 군대가 시작된 이래로 고위 지도자들은 점점 더 군대 파견과 무력 사용에 의존해 왔다. 그들이 그렇게 할 때, 경제적으로나 정치적으로 그들은 거의 타격을 받지 않았다. 2차 세계대전 종전 이후 70년 동안에 미군은 65회 전개하였다.[24] 좋든 나쁘든, 미군 지도부는 압도적인 당파정치에 의해 주도되는 의회 감독 자체에 의해 부적절하게 유도되어 명령을 내린다. 단지 5분의 1의 의원들만이 군 복무를 한 것으로 나타났다. 참전용

---

24 Barbara Salazar Torreon, *Instances of Use of United States Armed Forces Abroad, 1798-2016* (Washington, DC: Congressional Research Service, October 2016).

사 출신 선출직 공직자들의 수는 2차 세계대전 이래 최저 수준으로 곤두박질쳤다.[25] 의원들은 군대와 참전용사들을 지원하겠다며 말은 번지르르하지만, 그들은 사소한 불일치와 이데올로기가 건설적인 행동을 방해하는 것을 내버려 둔다. 그러는 사이에 미국 군대는 고통을 받는다. 미군들이 보훈병원에서 받는 창피스러운 수준 이하의 지원에 대해 행정부와 의회가 적극적으로 대응하지 않는 것은 국가적으로 불명예스러운 일이다.

미국 군인들은 지도자들의 전쟁 의존 경향에 대해 갈수록 비판적이다. 베트남전은 오늘날까지 미국인들에게 남아 있는 회의주의와 냉소주의를 발생시켰다. 참전용사들의 단지 3분의 1만이 아프가니스탄전이 싸울 가치가 있다고 말했고, 또 다른 3분의 1은 두 전쟁 모두 비용을 지급할 만한 가치가 없다고 말했다.[26] 이라크전 참전용사 패트릭 머피는 "더 많은 지도자가 전쟁의 비용을 직접 알았다면, 그들은 그 경험을 뒤따르는 젊은 군인 세대에 그렇게 빨리 영향을 미치지 않았을 것"이라고 말했다.[27] 많은 군인이 그 이유조차도 모른 채 싸우다 죽는 경우가 많다. 한 사람이

---

25 Jennifer Rizzo, "Veterans in Congress at Lowest Level Since World War II", CNN, January 21, 2011, http://www.cnn.com/2011/POLITICS/01/20/ congress.veterans/.

26 "War and Sacrifice in the Post-9/11 Era", Pew Research Center, October 5, 2011, http://www.pewsocialtrends.org/2011/10/05/war- and-sacrifice-in-the-post-911-era/.

27 Patrick J. Murphy, "A Soldier Reflects: Those Who Had the Least to Lose Sent Us to War", MSNBC, March 16, 2013.

"핵심은 무엇이었습니까?"라고 물었다.[28] "나는 목숨을 걸고 총에 맞았고 폭파당했습니다. 무엇을 위해서?"

미군의 우려는 대부분 시민의 마음 한가운데에 있는 것이 아니다. 9·11 이후 참전용사들의 84%가 대중은 참전용사들이 군대와 그들 가족이 직면하는 문제들을 이해 못 한다고 말했다. 2011년에 퓨 리서치 센터(Pew Research Center)는 미국인들을 대상으로 군대와의 연관성을 설문 조사한 결과 상당한 격차를 발견했다: "미국 대중이 자신들이 보호받기 위해 돈을 지불한 사람들로부터 그렇게 분리되고, 제거되고, 고립된 적이 없었다."[29] 미군과 미군이 봉사하는 대중 사이의 점점 커지는 격차로 인하여 양측에서 군인의 역할에 대한 이해가 왜곡되었다.

1950년대에 스노는 자신이 두 문화(The Two Cultures)라고 부르는 것에 대해 웅변적으로 썼다. 그의 주제는 예술과 인문학과 과학의 거리였다. 오늘날 미국에는 다른 훨씬 더 위험한 "두 문화" 문제가 있다. 군대와 그 외 사람들이다. 이 두 문화가 섞이지 않고 소통과 통합이 없다면 끔찍한 결과가 있을 것이다.

시민들은 언제, 어떻게, 어떤 규칙에 따라 싸우는지의 중요성을 이해할 필요가 있다. 기술과 전쟁 방식의 모든 변화가 군대를 배출한 사회에 미치는 영향은 무엇인가? 이러한 변화는 평범

---

28 Bill Briggs, "I Risked My Life, for What?: Iraq War Veterans Chilled by Country's Slide into Civil War", NBC News, July 25, 2013.

29 "War and Sacrifice in the Post-9/11 Era".

한 미국인에게 무엇을 의미하는가? 미국의 의사결정권자들은 전쟁 개시에 대한 자신들의 결정에 있어서 새로운 전투 방식의 의미와 관련된 신기술의 영향을 충분히 민감하게 반영하고 있는가? 개인들과 민간 기관들의 태도가 전쟁과 전투 수단에 의해 어떻게 형성되는가? 반대로 민간 사회의 태도가 군대의 행동에 영향을 미치는가? 이러한 질문에 대한 답변은 매우 중요하다.

자유주의(정치적 의미가 아닌 넓은 의미)를 자랑스럽게 여기는 미국에서 군대는 깊이 간직된 이러한 가치들의 반영이어야 한다. 미국 군대가 전쟁에 파견되거나 전 세계적인 분쟁에 참여하는 방법과 시기, 그들이 승리를 달성하기 위해 쓴 수단은 미국인들이 소중히 여기는 가치를 보여주어야 한다. 그렇지 않으면 그것은 보호자들(군대)과 대중 사이의 심각한 틈을 나타내기 때문이다. 신기술과 전투 방법들은 전쟁을 더 쉽게 만드는 것처럼 보이게 하지만, 더 쉽다는 것이 변덕스럽거나 덜 심각하다는 것과 같지는 않다.

"모병제" 군대에 대하여 두 가지의 지배적인 의견이 있다. 첫 번째는 나도 동의하는 것으로, 군대가 봉사하는 사회를 반영하지 못하는, 인구 통계적으로 너무 편향된 군대는 위험하다는 것이다. 그런 좁은 인구 통계는 인권과 공정성을 포함한 또 다른 문제에서도 유사하게 좁은 시각을 갖게 될 수 있다. 이 이론에 대한 반대 의견인 두 번째는 군대가 사회를 반영하는 것은 중요하지 않다는 것이다. 군대가 전문적이고 효율적이며 압도적이라면, 이러한 생각은 계속되고 상급 명령 기관의 지시에 따라 행동할 것이다. 물론 군의 민간 지도부가 군인들의 윤리적 행동을 지시하고 통제하는 데 필요한 민감성을 가진 듯하다. 하지만 나는 이것이 잘못된 생각이라고 믿는다.

군대가 훨씬 더 전문적이고 고도로 훈련되게끔 발전함에 따라 미국 대중은 경제, 인터넷, 소셜미디어, 엔터테인먼트, 기타 개인 및 이해 집단 문제에 점점 더 집중하게 되었다. 아이티, 소말리아, 보스니아 등에서 일련의 작은 분쟁과 이라크와 아프가니스탄에서 큰 분쟁을 벌이기 위해 군대를 파견했지만, 군대와 무관한 미국인들은 영향을 받지 않았다. 미국이 개입했던, 특히 9·11 이후 발생한 분쟁 중에 그 어느 것도 다른 미국인들에게 어떤 희생도 요구하지 않았고, 징병도 없었고, 배급도 없었고, 새로운 세금도 없었다. 사실 우리는 X세대, Y세대, 그리고 관심이 일반적인 군인들과 매우 다르고 심지어 정반대인 밀레니얼 세대의 등장을 지켜보았다. 최근의 한 설문 조사에서[30] 응답한 밀레니얼 세대의 60%가 ISIS와 싸우기 위해 미군을 투입하는 것을 지지한다고 말했지만, 그중 62%는 만일 추가 파병이 요구되는 경우에 개인적으로는 전투에 참여하고 싶지 않다고 말했다.

점점 더 많은 군인이 미국 사회의 소수계층에서 뽑히고 있다. 소수 민족은 미군에서 미국 민간영역에서보다 더 많은 비율

---

30 Asma KHalid, "Millennials Want to Send Troops to Fight ISIS, but Don't Want to Serve", NPR, December 10, 2015, http://www.npr.org/2015/12/10/459111960/millennials-want- to-send-troops-to-fight-isis-but-not-serve.

을 차지한다.[31] 미국 인구의 1% 중 약 절반만이 지난 15년 동안 지속한 전쟁에서 정해진 기간 현역으로 복무했다. 예비역 육군 대장 칼 아이켄베리와 스탠퍼드 대학의 데이비드 케네디는 이 상황을 "최소한의 시민 참여와 이해로 최대의 강력한 힘"이라고 설명한다.[32] 특히 분쟁 유형이 변화하고 새롭고 진보된 무기 기술이 등장함에 따라, 잠재적인 미래 지도자들과 광범위한 미국 대중이 군사 및 기술 문제와 그것이 미래에 의미하는 것들을 쉽게 접촉하는 것이 중요하다. 그러나 불행히도 미군은 911시스템(응급시스템)과 같다: 우리는 곤경에 처했을 때만 전화를 건다.

전 합참의장인 예비역 대장 마이크 멀린은 "군대에 있는 사람을 아는 사람들이 점점 줄어들고 있다. 전쟁에 나가기 너무 쉬워졌다"라며 단절이 심화하는 것에 대해 우려를 표명했다.[33] 더 많은 미국인이 군사 문제의 영향을 받는다면, 정치인들은 불필요한 전쟁을 시작하는 것과 끝내야 하는 전쟁을 길게 지속하는 것에 어려움을 겪을 것이다.

그러나 틈에는 항상 양면이 있다. 전 국방부 장관 로버트 게이츠는 군대가 민간 사회보다 더 나은 기준과 가치를 갖고 있다는 한 해병대 상사의 발언에 대해 우려를 표명했다. 게이츠가 우

---

31 Jeremy Bender, "These 22 Charts Reveal Who Serves in America's Military", *Business Insider*, August 14, 2014.

32 Karl W. Eikenberry and David M. Kennedy, "Americans and Their Military, Drifting Apart", *The New York Times*, May 26, 2013.

33 Fallows, "The Tradegy of the American Military".

려한 것은, 군대가 사회와 그들이 보호하겠다고 맹세한 국가로부터 너무 멀어지고 있다는 점과 군대가 사회와 국가보다 더 우위에 있다고 여긴다는 점이다. 2003년 군인을 대상으로 한 설문 조사에서,[34] 응답자의 약 60%가 군대가 민간 사회보다 우수한 도덕 기준을 갖고 있다고 느끼며 미국의 도덕 구조를 공정하거나 불량하다고 분류했다. 그런 평가가 정확한지는 의견의 문제지만, 그 감정 자체가 위험하고 걱정스럽다. 육군 참모총장 마틴 댐프시 대장은 과장된 우월감을 가진 군대를 보유하고 있는 것의 위험성에 대한 우려를 표명했다.

대중이 모르거나 이해하지 못하거나, 더 나쁘게는 군대가 언제 어떻게 고용되는지 또는 어떻게 행동해야 하는지에 대해 관심두지 않는다면, 군대 운영이 너무 일상적이고 너무 쉽게 될 것이다. 군인들은 대중이 군인들이 하는 일에 관심을 두지 않거나 이해하지 못한다는 것을 알면, 그들은 그들 자신의 논리를 개발하거나 스스로에 대해 덜 관심을 가질 수 있다. 지식과 이해의 틈은 쉽게 가치와 행동 중 하나가 될 수 있다. 군대가 너무 편파적이고 너무 독선적이며 너무 독립적이면, 대중은 빠르게 군대에 등을 돌릴 수 있다.

군대는 전쟁을 원하지 않는다. 대중은 그것을 이해할 필요가 있다. 더글러스 맥아더 장군은 가장 깊은 상처와 전쟁의 흉터로 고통받고 견뎌내야 하는 사람이 군인이기 때문에 군인은 다른 어

---

34 Gourley, "Welcome to Spartanburg!".

느 사람보다도 평화를 위해 기도한다고 말했다. 미국의 고위 지도자들과 대중도 또한 책임이 있다. 군대는 국가의 짐을 홀로 견디려고 하지 말아야 한다.

5장

여기서 어디로 가는가

5장

여기서 어디로 가는가

우리는 이 나라에서 올림포스 시대에 접어드는 것 같았다. 두뇌와 지성은 공동선을 더 잘 정의할 수 있는 큰 힘으로 활용되었다…. 이 나라를 휩쓴 그 흥분, 또는 적어도 미국의 지적인 재촉, 미국이 변할 것이라는 느낌, 정부를 물려받았다는 느낌은 이미 오래전 일인 것 같다…. 가장 훌륭하고 밝은 세대로.

– 데이비드 할버스탐,
The Best and the Brightest

미국은 심각한 문제를 안고 있다. 기술은 너무 빨리 발전하여 소수만이 이해할 수 있다. 미국인들이 생각하는 전쟁은 과거의 전쟁이다. 미래는 무서울 정도로, 거의 상상할 수 없을 정도로 다를 것이다. 미군들은 압도적으로 훌륭하고 우수하지만, 미래의 전쟁과 무기는 그들에게 엄청난 부담을 줄 것이다. 그러나 미국인들은 전쟁과 관련된 것만큼은 기술의 쟁점들에 의하여 크게 영향을 받지 않는다. 그게 사실이라면, 그들은 정치인들이 미국의 안보와 거의 관련 없는 이유로 군대를 수단으로 사용하고 배치하는 데에 만족한다. 엄청난 돈을 쓰면서 미군들의 삶을 불필요한 분쟁 — 가짜 이유나 정치적 편의를 위해 벌인 전쟁 — 에 공개 토론이나 우려 없이 바친다. 그것을 계속할 수는 없다. 기술과 전쟁은 항상 밀접하게 연결되어 있지만, 근본적으로 다른 유형의 무기와 새로운 유형의 분쟁은 군인, 의사결정권자, 대중 모두의 적극적인 참여를 요구한다.

미국은 중요한 결정을 내려야 하고 두 번째 기회가 없을 수도 있는 어떤 변곡점에 있다. 전쟁의 미래는 빠르게 다가오고 있다. 만일 진부하고 상투적인 말을 하는, 대외 강경론의 정보가 부족한 정치인들이 유일한 의사결정권자들이라면, 미국인들은 미국이 해서는 안 되고 또한 이길 수도 없는 전쟁에 휘말릴 수 있는 복잡한 질문들을 불러일으키는, 너무도 복잡한 상황에 처하게 될 것이다. 만일 미국 국민이 집에 앉아 깃발을 흔들고 싶지만 미국의 전쟁 방식과 참전자들을 무시한다면, 그러한 안일함이 엄청난 대가를 치르게 된다는 것을 알게 될 것이다. 이라크전과 그로 인한 인명과 돈의 끔찍한 대가에 대하여 미국인들 대부분이 침묵하고 미미한 반응을 보인 사실이 말해주는 것은 미국 대중의 우선

순위와 군대에 대한 진정한 존중에 관한 가슴 아픈 이야기다. 미국 지도자들의 그런 놀라운 부정직함이 더 많은 분노를 불러일으킬 수 없다면, 어쩌면 그들은 무엇이든 할 수 있지 않을까?

미국은 위대한 국가이고, 미국인들은 위대한 도전에 맞서는 자신들의 능력을 거듭해서 보여주었다. 미래 전쟁에 대한 미국의 준비는 인재들의 헌신을 요구할 것이다. 누가 나서서 나라를 이끌 것인가? 신무기의 속도와 복잡성, 그것을 이해하는 미국인들의 쇠퇴하는 능력은 군사와 기술 문제에 대한 대중의 참여 부족과 결합하여 미래에 대한 매우 어두운 그림을 그린다. 이것은 다시 그려져야 하는 그림이다.

점점 커지는 이 악몽에 연루된 모든 사람들은 지식이 부족한 상태에서 활동하고 있다. 대중은 기술이나 전쟁에 대해서 아는 것이 거의 없다. 군인들은 어떤 특별한 세계에 살고 있고, 종종 민간 사회를 이해하는 데 힘들어한다. 의사결정권자는 군대에 대한 지식이 부족하고 정치에 좌우된다. 무기는 엄청난 양의 국부를 소비한다. 상황은 심각해지고, 많은 작가는 이를 해결하기 위해 무엇을 해야 하는지에 대한 아이디어를 제시하고 토론했다.[1] 일부 단계는 다른 단계보다 더 어려울 수 있지만, 일부는 정치적

1 See, for example, Rosa Brooks, *How Everything Became War and the Military Became Everything* (New York: Simon & Schuster, 2016); Rachel Maddow, *Drift: The Unmooring of American Military Power* (New York: Broadway Books, 2012); and Andrew J. Bacevich, *The New American Militarism: How Americans Are Seduced by War* (New York: Oxford University Press, 2013).

의지 이상을 요구하지 않는다.

시작은 국가 정책을 명확히 하는 것이다. 모든 대통령은 국가 군사전략을 발표하고 나서, 나머지 국가안보 기관의 기조를 설정한다. 전략은 단순히 전투에 전력을 투입하기 위한 근거가 되어서는 안 된다; 진정한 국가안보를 위한 종합적인 계획이어야 한다. 국가가 실제로 위협받을 때 "국방"이 전쟁 결정을 촉발할 수 있다. 그러나 "국가안보"에 대한 일부 불분명한 위협에 기초한 예방전쟁 개념은 명백하고 명시적으로 폐기되어야 한다.

수십 년 동안 미 의회는 전쟁 문제에 있어 대통령에게 위임된 헌법상의 책임을 회피했다. 국가 군사전략은 또한 의사결정 과정을 명확히 해야 하며, 의회와 행정부 사이에 오랫동안 지속되고 있는 전쟁 권한 문제의 해결에서 비롯되어야 한다. "대통령은 1789년부터 총사령관이 되었지만, 원하면 언제든지 전쟁에 나갈 수 있고 의회는 무시한다는 생각은 2차 세계대전 이후의 태도이다"라고 워싱턴 D.C.의 비영리 싱크탱크 헌법 프로젝트의 상주 학자인 루이스 피셔가 말했다.[2] 의회와 대통령은 전쟁 권한에 관하여 공개적으로 가시 돋친 의견 충돌을 벌이기를 거부하고, 대신 문제를 다루는 것을 회피하거나 지연시키면서 다른 선택의 기회를 열어 두는 것을 선호한다. 책임은 결정을 내리는 사람들에

---

2 Robert McMahon, "Balance of War Powers: The U.S. President and Congress", CFR Backgrounders, Council on Foreign Relations, June 20, 2011, http://www.cfr.org/united-states/balance-war-powers-us-president-congress/p13092.

게 물어야 한다. 최소한 미군이 전투 작전에 개입하는 경우에, 대통령이 군대를 전투에 투입할 수 있도록 승인할 수 있는 의회 결의인 군사력 사용 승인(AUMF; an Authorization for Use of Military Force)이 수반되어야 한다. 그것은 의회가 알카에다에 대한 작전을 승인한 9·11 이후에 처음 사용되었다. 주요 가치 중 하나는 정치인이 자신의 투표 기록을 남겨야 한다는 것이다. *The Atlantic*에 기고한 코너 프리더도프는 "전쟁에 대한 찬성투표나 반대투표는 위험한 행위이다. 그들은 중대한 결과의 주제에 대해 스스로 선언하고 있다. 이후의 사건으로 인해 그들이 잘못 판단한 것으로 판명되면 책임을 물을 수 있다. 그 결과 많은 의원이 전쟁과 평화 문제에 대한 헌법상의 책임을 포기하고 있다"라고 말했다.[3]

정치인들과 의사결정권자들은 일상적으로 군사 문제와 전쟁에 대해 미국인들에게 거짓말을 하거나 반쪽짜리 진실을 말하고, 도망 다닌다. 미국은 미국 첩보함정에 대한 의심스러운 "공격"을 꼬투리 삼아서 베트남전에 끌려 들어갔고, 그 결과 통킹만 해결로 알려진 전면적인 전쟁 승인이 이루어졌다. 또한 미국은 이라크에서 전쟁하는 이유에 대해 거짓말을 했고, 유엔과 미국인들은 의심스러운 정보를 받았고, 미국에 절박한 위협이 되지 않는 나라를 침략했다. 미국인들은 지도자들에게 정직을 요구하고, 그것을 얻지 못할 때 그들을 처벌해야 한다. 정치인들은 전쟁을 해야

3 Conor Friedersdorf, "The Congress Shall Have the Power … to Declare War", The Atlantic, August 27, 2014.

하는 이유에 대해 대중에게 거짓말을 해서는 안 된다. 그들은 "국가안보"와 "미국의 자유 보호"에 대해 끝없이 이야기하지만, 미국의 해외 모험이 미국을 더 안전하게 만드는 방법에 대해서는 절대로 설명하지 않는다. 군대는 불충분한 자원으로 거의 불가능한 임무를 부여받지만, 아무도 책임을 지지 않는다. 미국인들은 군사 능력에 너무 현혹되어 최근 몇 년 동안 반복되는 예산 위기를 경험했는데, 그것은 의회의 많은 의원이 사회 프로그램의 예산이 무기 및 군대의 예산과 같거나 더 큰 수준이어야 한다고 고집하였기 때문이다. 정부 관리들의 복지부동을 받아들이는 것이 미군이 얻는 것이다. 미국인들은 더 나은 것을 요구해야 한다.

정치인들과 의사결정권자들은 전쟁의 진정한 대가에 대해 자신들과 대중을 속이고 있다. 2001년 9월 11일 이후로 미군은 아프가니스탄, 이라크 및 기타 지역에서의 전쟁 비용을 지원하는 해외 비상 작전(OCO; Overseas Contingency Operations) 자금을 강력하게 방어했다. 이러한 기금이 없었다면 군은 장비, 유지 보수, 연구비를 포함한 정상적인 연간 지출을 위한 예상치 않은 지출과 예산을 적절히 관찰 추적하지 못했을 것이다. 회계는 필요하지만, 문제는 정기적으로 남용된다는 것이다.

9·11 이후 이 자금은 실제 해외 활동과 관련이 전혀 없거나 아주 적은 용도로 다양하게 사용되었다. 내가 근무했던 정부 기관을 포함하여 많은 정부 기관은 이 자금을 실제 전쟁과 거의 관련 없는 추가 시스템과 장비구매 기회로 보고 있다. 2009년, 의원들은 OCO 자금을 사용하여 국방부가 요구하지 않았던 8대의 추

가 C-17 수송기와 심지어 이라크와 아프가니스탄에서 한 번도 운영되지 않는 더 많은 F-22 전투기를 사들이려고 시도했다.[4] 이 시도는 "예산 외"로 부적절하게 간주되어 군사 지출과 국내 지출 간의 적절한 균형에 대한 의회 토론에서 배제되었다. 이는 진정한 기만이었다.

의회는 수십 년 전에 새로운 무기구매를 위해 요구되는 기술 상쇄를 시작했을 때 스스로 자랑스럽게 생각했다. 2011년과 2013년에 부채 한도 문제와 의회가 이미 부담한 법안을 실제로 지급할 것인지에 대한 문제로 경제가 거의 부도 직전까지 갔다. 부채와 균형 예산은 갑작스러운 군사적 필요성과 아무 관련이 없다. 이 때문에 세금 인상을 해야 했으며, 많은 대통령이 필요한 조치를 했다. 만약 미국 대중이 비용 충당을 꺼린다면 군대는 제지될 것이다. 대중이 그러한 작업을 지지했는지 여부는 빨리 드러날 것이다.

예산 문제와 국방비 지출에 대한 광범위한 국가적 토론이 있어야 한다. 대중은 그 토론에 참여해야 하며 합리적 참여가 가능하도록 사전에 충분히 이해해야 한다. 미국 대중은 당연히 자신들의 전쟁을 위해 가장 좋은 장비를 군대에 제공하기를 원한다.

---

4 Emerson Brooking and Janine Davidson, "How the Overseas Contingency Operations Fund Works-and Why Congress Wants to Make It Bigger", Defense in Depth blog, Council on Foreign Relations, June 16, 2015, http://blogs.cfr.org/davodson/2015/ 06/16/how-the-overseas-contingency-operations-fund -works-and-why-congress-wants-to-make-it-bigger/.

그러나 상당 부분의 국방 예산이 낭비되고 있으며, 대중이 이에 대해 아는 것이 거의 없다는 것은 놀라운 일이다. 군대는 매년 수십억 달러의 비용이 드는 신무기들에 대한 희망 목록을 제시하면서, 오래된 무기가 미국 군대를 위험에 빠뜨릴 수 있다고 주장한다. 그러나 종종 신무기 구매나 기존 무기들의 최신화는 군수 산업체가 인력을 계속 고용하는 수법이다. 국방부와 의회는 이를 수용하고, 대중은 이에 대해 무지하거나 관심이 없는 것 같다. 설상가상 많은 시스템이 잘못 관리되고 있으며, 예산과 일정을 훨씬 초과한다. 미국 회계감사원(GAO; Government Accountability Office)은 2014년에 조사된 78개 주요 무기프로그램에 대해 조달 비용이 예산보다 46%나 많았다고 보고했다.[5] 또 다른 GAO 연구에 따르면, 연구된 95개 프로그램 중 30%가 최초 일정보다 2년 이상 지연된 것으로 나타났다.[6] 무기는 종종 일정 지연으로 인해 취소되었는데 이는 전투원들에게 제공되어야 할 필요한 능력을 박탈하는 것이다. 막대한 정부 무기 관료주의와 경쟁하는 많은 이해관계를 고려할 때, 과도한 비용 초과와 일정 불이행이 빈번하게 발생하는 것은 놀라운 일이 아니다. 여기에 비난이 빗발쳐야 하고, 의회도 큰 책임을 져야 한다. 대중의 분노가 없는 것은 참으로 실망스러운 일이다.

---

5 Chris Edwards and Nicole Kaeding, *"Federal Government Cost Overruns"*, Tax and Budget Bulletin 72 (Washington, DC: Cato Institute, September 2015).

6 Sandra I. Irwin, "Weapon Cost Overruns: From Bad to Worse", *National Defense*, January 2009.

귀중한 세금이 효과적인 무기에 쓰이는 것은 중요하며 대중은 기꺼이 그렇게 할 것이다. 달러가 낭비되는 것을 보는 것은 완전히 다른 것이다. 의회의 병역 승인 및 세출 위원회의 심의는 현재보다 훨씬 더 세세하게 공개되어야 한다. 요즘 거의 모든 것을 위한 싱크탱크가 있다. 매일 이러한 문제들과 정보를 효과적으로 모두에게 전달하는 것에 관심을 갖는 것이 모두가 가져야 할 최상의 정신 자세이다. 대중이 무기구매에 관해 몇 가지 이해하기 힘든 이유를 볼 수 있다면, 그런 의견을 내는 것이 더 적절할 것이다. 전 미 공군참모총장 론 포겔만은 그가 임기를 못 채우고 은퇴했던 이유 중 하나로 무기 시스템 요구 사항에 대한 국방부의 노골적인 "말 거래"를 들었다. 그는 무기 예산이 실제 필요보다는 공정한 분배에 더 기초하여 군대에 할당되는 과정을 역겨워했다.

기본적인 인간적 요구들이 무시되거나 예산 지원이 되지 않는 동안에, 돌아오는 대가가 점점 적어지는 무기에 천문학적인 금액을 계속 쓴다면, 미국 군대는 일류, 미국 사회는 이류가 될 것이다. 드와이트 아이젠하워 대통령은 자주 인용되는 그의 마지막 대국민 연설에서, 군산복합체의 부당한 영향력뿐만 아니라 인간의 요구를 살펴보아야 할 필요성에 대해 경고하면서 "각 제안은 더 넓은 고려사항, 즉 균형을 유지할 필요성에 비추어 평가되어야 한다"라고 말했다.

미국의 지도자들은 또한 군대의 규모에 대해 대중에게 정직해야 한다. 민간인 계약자들의 채용은 통제가 되지 않는다. 이라크와 아프가니스탄 전쟁에서 민간인 계약자들의 수는 현역 군인보다 많았다. 민간인 계약자는 비싸다; 종종 현역 군인과 같은 일을 하는데 훨씬 더 많은 돈을 받았다. 계약자 남용은 전쟁터에만 국한된 것이 아니다. 많은 국방 조직에서 민간인 계약자는 공무원보다 수적으로 많으며, 당연히 본질에서 정부의 일로 분류되지 않는 작업을 수행한다. 워싱턴 포스트의 놀랄만한 일련의 기사에서 다나 프리스트와 윌리엄 아르킨은 2001년 9월 11일 이후 일급기밀에서 해제된 850,000건의 기밀 중에서 265,000건이 민간 계약자에게 속해 있다고 추정했다.[7] 그들은 또한 CIA에서 민간 계약자가 노동력의 3분의 1 또는 약 10,000명을 구성한다고 추정했다. 2015 회계연도에, 기밀 민간 계약자 또는 무기 제조에 종사하지 않는 계약직 서비스 직원의 비용은 1,148억 달러였다. 이 숫자는 최근에 떨어졌지만, 감소한 수준에도 여전히 많이 남아 있다. 잔디 깎기부터 컴퓨터 지원과 기술 지원까지 모든 것을 담당하고 있는 561,000명의 계약자는 여전히 475,000명의 현역 미군 전체보다 많다.[8] 이것은 확실히 더욱 세밀한 조사가 필요한 영역이다.

국제 핵무기통제협정을 통해 핵무기 확장의 제한이 가능하다는 것이 입증되었다. 실제로 핵무기 수량의 극적으로 감소했다. 이로써 강대국들은 강력하고 고무적인 메시지를 보냈다. 새로운

---

7 Dana Priest and William Arkin, "Top Secret America", *The Washington Post*, July 20, 2010.

8 David Lerman, "Fiscal Follies", *CQ Budget News*, October 6, 2016.

전투 기술은 핵무기와는 별개의 것이지만, 세계의 선진국과 개발도상국은 이러한 기술의 수출과 이를 적용한 무기의 사용을 통제하는 데 중요한 조치를 할 수 있다. 우리는 오늘날 미국의 국제무기거래규정(ITAR; International Traffic in Arms Regulations) 및 군수품 통제목록(MCL; Munitions Control List) 조직과 마찬가지로 무기 통제, 기술 통제 및 비확산 개념을 살펴봐야 한다. 이러한 조약을 다른 선진국에 제안하는 데 미국이 앞장서야 한다.

우리는 징집이 아닌, 군대와 군사 문제에 대한 대중의 참여를 높일 방법을 찾아야 한다. 앞서 말했듯이, 대중은 군대와 분리되어 있으며, 군대가 다르게 행동할 유인책이 없다. 대중이 모르거나 관심을 두지 않을 때, 국회 의원들이 알거나 관심을 가질 유인책이 거의 없다.

마이크 멀린 제독은 앞으로 미군은 미국인들이 반드시 예스라고 말하는 전쟁에 나가야 한다고 말했다.[9] 이를 달성하기 위한 한 가지 방법은 현역 군인의 수를 더 줄이고, 오직 국가 비상시에만 배치되는 방위군과 예비군의 해외 파견 부담을 가중하는 것이다. 그러한 비상사태의 경우 미국인들은 불편을 겪을 것이다. 그들이 개입되게 되면, 미국의 의사결정권자들은 미국인들을 또 다른 전쟁으로 몰아넣게 되는 것에 대해 두 번 생각할 수도 있다.

애쉬 카터 국방부 장관은 최근 군 인사시스템에 대하여 1986년 골드워터-니콜스 법 이후로 우리가 본 적 없는 전면적으로 새

9 Fallows, “The Tragedy of the American Military”.

로운 변화를 제안했다. 이러한 새로운 변화는 군인이 군 생활과 시민 생활 사이를 이동할 수 있는 훨씬 더 큰 유연성을 허용하고, 업계의 기술 전문가와 같은 외부 전문가가 더 높은 고위급으로 복무할 수 있도록 한다. 이것은 전문 지식을 연마하는 데 수년을 보내고, 이를 유지하기 위해 산업계 또는 학계로 돌아가야 하는 사이버 전문가 또는 합성생물학 전문가에게 완벽한 시스템이 될 수 있다. 이러한 계획은 유능한 인적 풀을 늘릴 뿐만 아니라, 군사적 사고방식에 신선한 민간인 사고를 불어넣는 이점이 있다. 당연히 "계급을 통해 올라간" 많은 전직 군인들은 회의적이다. 의회는 이 제안을 미지근하게 받아들였다. 이런 새로운 아이디어는 장려되어야 할 뿐만 아니라, 근본적으로 국무부와 같은 다른 정부 기관으로 확대되어야 한다. 정부가 최고의 인재들과 가장 똑똑한 사람들을 얻으려면 다르게 생각하고 행동해야 한다.

시간이 지남에 따라 전쟁 이외의 작전에 대한 군대의 개입은, 군인들에게는 낯선 영역인 평화 유지와 국가 건설을 포함하면서 확대되었다. 2010년 로버트 게이츠 미 국방장관과 힐러리 클린턴 국무장관은 예비군과 유사한 해외 재건 및 안정화 작전에 사용될 수 있는 미 국무부 예비군을 공동 제안했다. 그런 군대의 창설은 현역 군대의 부담을 일부 줄여주고, 동시에 중요한 해외 작전에 더 많은 민간인을 참여시키는 이중의 이익을 가져다줄 것이다. 이것은 군대를 배치하지 않고 미국의 영향력을 해외로 퍼뜨리는 좋은 방법처럼 보인다. 의회는 당시 이 활동에 적절한 자금을 지원하지 않았지만 재고해야 하는 아이디어이다.

미국은 미국 국민과 지도자들에게 무기와 전쟁 문제에 대해 더 잘 교육하는 방법을 찾아야 하며, 교육이 부족한 부분을 인식하고 그러한 결점을 해결하기 위한 적절한 조치를 취해야 한다. 이를 위해, 국가 지도자들이 일관되게, 자주 목소리를 높여서 교육과 지성을 가치 있게 여겨야 한다.

1950년대에 의회는 국방 학자금 대출(NDSL; national defense student loan) 프로그램을 포함한 국방 교육법을 통과시켰다. 이 프로그램은 분명히 스푸트니크 위기에 대한 대응이었고 학생들이 과학 및 공학을 공부하기 위해 대학에 등록하도록 장려하는 것을 목표로 했다. 나는 그러한 대출의 수혜자였으며, 그것 없이는 교육을 계속할 수 없었다. 추가 유인책으로, 대학 졸업 후 군 복무를 한 사람들은 대출금 상환을 몇 년 동안 연기할 수 있었다. 중등 교육에서 가르치는 사람들은 매년 작은 비율의 대출 면제를 받았다. 종잡을 수 없는 기술 인재의 부족으로, 과학 및 공학 분야의 학생들에게 유인책을 제공하기 위해 군대에서 시도가 있었지만, 안타깝게도 군대는 대학에 다니는 많은 학생에게 어필하지 못했다.

사관학교가 전문 군인을 훈련하는 동안, ROTC(Reserve Officer Training Corps)는 훨씬 더 많은 수의 대학 내 전문 군인을 양성했다. 이 프로그램은 모든 대학 캠퍼스로 수정 및 확장될 수 있으며, 아마 그중 일부는 모든 학생에게 필수 과정이 될 수 있다. 참여자들이 군대에 입대하든 그렇지 않든, 그런 프로그램은 더 넓은 범위의 잠재적 군인들에게 군사 문제에 대해 교육할 것이다. 연방 기금을 받는 어떤 대학에도 이것을 요구하는 것은 무리가 아니며, 군대에서 장학금을 받고 군대에 가고 싶어 하는 학생들에게만 요구할 것이기 때문에 논란의 여지가 있어서도 안 된다.

될 수 있으면 고급 학위를 추구하는 군인은 군대 내의 군사 대학이 아닌 민간 대학에 진학해야 한다. 이것은 행정가와 교수진과 마찬가지로 민간인 학생들의 군인 정신, 쟁점들과 우려 사항에 대한 접촉을 증가시킬 것이다. 일부에서는 현역 입대 전에 장교 교육의 상한선으로 재설계된 사관학교에서 1년을 보내는 등 모든 장교 교육을 민간 기관에서 실시해야 할 때라고 주장하기도 한다. 이 아이디어는 상당한 장점이 있다. 군사 학교에서 대학원 교육을 계속하는 것은 과거의 유물이다. 중견 장교로서 나는 하버드 대학교의 존 F. 케네디 행정대학원에 다니며 소위 고위급 군사 학교에 대한 요구 사항을 충족했다. 군대의 군사 대학과 달리 하버드는 분명히 군대를 위한 재충전 기관이 아니다. 그곳에서 나는 군사 대학보다 훨씬 더 광범위한 주제의 과정을 수강할 수 있었고, 정치와 정부에 대한 다양한 견해를 가진 장교, 대학원생, 교수진과 교류할 수 있었다. 이것은 예외가 아니라 표준이어야 한다.

정부는 보증된 저금리 학자금 대출의 새로운 프로그램을 만들어서 국무부, 노동부, 심지어 의회와 대법원 같은 정부의 다른 부서의 관심과 사용을 권장하도록 연구 영역을 확대하는, 국방 학자금 대출 프로그램의 개념을 한 단계 더 발전시킬 수 있다. 정치학, 국제 관계, 노사 관계, 어쩌면 비즈니스도 자격이 될 수 있다. 그러한 대출을 받으려면 학생은 상환 연기와 부분 대출 상환이 적절한 조치로 제공되는 정부 부서의 어딘가에서 아마도 최소한 1년 정도 일하기로 동의해야 할 것이다.

최근 정부 봉사의 개념을 더 확장하여 국가 봉사 프로그램에 대한 요구가 있다.[10] 이러한 프로그램은 예비역 육군 장군 스텐리 멕크리스탈과 전 국무장관 힐러리 클린턴에 의해 추진되었다. 평화 봉사단(Peace Corps)과 아메리콥스(AmeriCorps)는 미국 시민들이 해외와 국내에서 미국의 이익을 위해 봉사할 수 있는 두 개의 성공적인 프로그램이었다. 그러나 그 프로그램은 자발적이기 때문에 참여가 제한적이었다. 지원병 군대와 마찬가지로 참여하는 시민의 비율은 합법적 인구의 아주 작은 부분이므로 그 프로그램은 실행에 있어 정확히 국가적 범위가 아니었다.

훨씬 더 영향력 있는 것은 해병 참전용사인 에릭 나바로가 "최소 공유 시민 경험"이라고 부르는 것으로, 자격을 갖춘 각 시민이 동의한 정부 프로그램에 1년 동안 기여하는 것이다.[11] 결과적으로, 그들은 현재 시민들에게 자격으로 주어지는 많은 혜택을 받을 자격을 가지게 될 것이다. 엄밀히 말하면 그러한 프로그램은 필수라고 할 수 없다. 개인은 봉사하지 않고 혜택을 받지 않기로 선택할 수 있다. 또한, 시민들은 봉사하는 방법에 대해 다양한

---

10 Jason Mangone, "National Service Is the Proper Response to National Emergency", *Huffington Post*, September 11, 2014.

11 Eric Navarro, "Could One Year of Mandatory National Service This Country?" *Task and Purpose*, June 9, 2014.

선택을 할 수 있다. 타임지 편집장인 리처드 스텐겔은 이 아이디어의 다소 덜 엄격한 버전을 제안했는데, 이는 1년 동안 공직에 헌신하는 개인이 정상적인 급여에 추가로 상당한 미국 저축 채권을 받을 수 있다고 제안했다.

미국 언론의 압도적인 관심의 초점은 과학과 같은 중요한 주제가 아니라 연예, 연예인, 스포츠에 있다. 언론이 중요한 기술발전을 다루려고 할 때, 그것은 과장되게 보도하는 경향이 있고 종종 사실을 잘못 이해한다. 특히 상업 텔레비전에서 군대에 대한 언론 보도는 우리의 "군인 영웅"에 대한 숨 막히는 찬사이거나 또는 반전 폭언으로 이어진다. 분쟁의 기원, 미국 개입의 근거 또는 미래의 결과에 대한 합리적인 논의는 거의 없다.

언론은 물론 시장 주도적이며 정부의 직접적인 조치에 순응할 수는 없지만, 더욱 균형 있고 유익한 보도가 필요하다. 광고주에게 의존하지 않고 공개적으로 지원되는 독립 미디어는 정부 지원으로 크게 확대되어야 하며, 최근 몇 년 동안 반복되는 공격을 받지 않아야 한다. 활기차고 독립적인 언론은 언제나 민주주의의 중요한 요소였다. 정확하고 편견이 없고 경험이 풍부한 저널리즘은 사라질 수 없으며 적절하게 평가되어야 한다. 전쟁이 심각하며, 건강한 언론의 필요에 관해 이야기할 때 엔터테인먼트는 창립자가 염두에 두었던 것이 아니다.

앞서 말했듯이, 군대를 위해 광범위한 분야의 기술을 추구해야 하는 합법적인 이유가 많이 있다. 그중에는 전투원과 비전투원 모두 사상자를 줄이고 질적 기술 우위를 확보하려는 열망이 있다. 그러나 일부 고급 기술의 연구와 적용, 특히 기술 사용에 대한 근본적인 근거는 해당 기술의 윤리적, 도덕적 의미와 무력에 의존하기로 한 결정의 국가적 결과에 대한 신중한 생각이 함께해야 한다. 합리적인 노력을 통해 의도적이고 윤리적인 방식으로 군사 기술을 개발하는 것이 가능하고, 만일 우리가 그렇게 하기로 결정한다면, 사용 결과를 이해하기 시작하는 것도 가능하다. 그러나 이러한 노력의 성공에 중요한 것은, 지도자들과 대중은 기꺼이 자신을 교육하고, 문제에 대한 소유권을 가지며, 그들에 대한 심의를 우선순위로 삼아야 한다는 것이다.

미국이 처한 상황은 하루아침에 이루어진 것이 아니며, 이처럼 뿌리 깊은 사회 행태를 바꾸기는 쉽지 않을 것이다. 지속적인 변화는 한 세대가 걸릴 수 있지만, 지연시키기에는 너무 많은 위험이 있다. 행동하지 않는 것은 선택 사항이 아니다.

결론

결론

우리의 상황이 새로운 것처럼 우리도 새롭게 생각해야 합니다. 우리는 정신을 차리고 나서야 우리나라를 구할 것입니다.

– 에이브러햄 링컨

옳든 그르든, 미군은 수십 년 동안 계속해서 어떤 형태로든 분쟁을 겪었고, 그것은 바뀌지 않을 것이다. 현대의 환경은 전 세계적인 불안정, 경제적 격변, 정치적 양극화와 어쩌면 여러 세대에서 볼 수 없었던 규모의 급속한 기술 변화의 독이 있는 양주 같다. 이전 세대는 급속한 세계화, 즉각적인 커뮤니케이션, 소셜미디어, 인공지능과 개발 도상국의 폭발적인 부상을 처리할 필요가 없었다. 지금의 도전은 전례가 없다. 2001년 9월 11일의 끔찍한 공격은 복수에 대한 국가적 욕망을 불러일으켰고, 불행하게도 무분별하고 비참한 이라크 침공을 포함한 일련의 재앙적인 사건을 촉발했다. 공격이 있고 난 뒤, 대통령은 국가 비상사태를 선포했다. 나는 예비군을 현역으로 소환하고, 해외 파견이 종료 예정인 사람들의 현역 복무를 연장하는 명령에 서명했다. 나는 반복되는 배치 때문에 유망한 민간 경력을 잃은 군인에 대해 알고 있으며, 내가 복무하도록 명령한 군인 중 일부가 전투에서 부상당하거나 사망했다는 데는 의심의 여지가 없다. 우리 군대의 희생과 극명하게 대조적으로, 미국 대중은 추가 세금 환급을 받았고 평소와 같이 사업을 계속하라는 지시를 받았다. 방위군과 예비군을 포함한 모든 지원병 군대는 계속해서 전투를 위해 파견되었다. 새로운 세금도 없고, 징집도 없고, 평균적인 미국인들에 대한 영향도 없었다. 제복을 입은 소수의 인구만 영향을 받게 된, 대통령의 비상사태 선포는 끔찍하게 모순된 부분이 있었다. 미국인들이 "군대를 지원"하는 것이 쉬웠던 것은 놀라운 일이 아니다. 리본은 곳곳에 매달려 있었고 모든 사람이 "당신의 봉사에 감사합니다"라고 입에 발린 소리를 했다. 군인들을 제외한 모든 사람은 집에 머물렀다.

현재 퇴역군인으로서 나는 워싱턴 D.C. 근처의 월터 리드 병원에서 진료를 받을 수 있다. 내가 어떤 통증과 고통을 겪고 있든, 그곳에 있을 때, 종종 배우자와 자녀와 함께 걷거나 휠체어를 타고 이끌리는 젊은 군인들을 복도에서 만난다. 어떤 사람들은 팔이나 다리가 없거나 몸 전체에 화상의 흉터를 가지고 있다. 그들의 질병에 비해 상대적으로 사소한 나의 질병에 대한 당혹감으로 움츠러들고, 전쟁으로 끔찍하게 변한 그들의 젊은 삶에 내 가슴이 찢어진다.

9·11테러 이후 몇 년 동안 미국의 대응을 지켜보면서, 내게

전투를 위한 신기술의 제약 없는 개발에 대한 불안감과 고위 행정부 관리들이 윤리적 행동을 무시한다는 것을 나타내는 일련의 폭로에 대해 느꼈던 불안감이 일어났다. 고문, 납치, 영장 없는 도청은 인권을 중시하는 국가와 잘 맞지 않는 것 같았다. 국가 지도자들이 "장갑을 벗고" "필요한 일이라면 무엇이든 하라"는 지침은 무모하고 무분별했다. 미국인들은 이전 시대의 미국 카우보이와 총잡이처럼 행동했고 세계가 주목했다. 미국 지도자들은 막대한 군사비 지출을 정당화하기 위해 미국인들의 두려움을 가지고 놀았다. 존스 홉킨스대 교수인 마이클 만델바움은 2001년 테러 이후 미국의 정책을 다룬 저서 『미션 실패(*Mission Failure*)』에서 "9·11 테러 이전에 정부의 상상력이 실패했다면 그 이후에는 상상력이 요동쳤다"라고 말했다.[1] 사생활과 시민의 자유, 때로는 우리의 품위가 보안과 군사력에 뒤처졌다. 나는 가끔 우리가 집단적 정신이 아니라 집단적 마음을 잃어버린 것은 아닌지 궁금했다.

다행히 시간이 지나면서 일부 히스테리와 불안은 줄어들었지만, 최근 전 세계적으로 급증하는 테러 공격과 러시아, 중국 및 기타 지역의 군국주의가 고조됨에 따라 정치인들은 다시 두려움에 떨며 군사력 증강을 더욱 긴급하게 요구하고 있다. 핵심 질문은 미국이 합리적으로 대응할 수 있는지, 아니면 미래의 결과에 대한 숙고의 필요성을 무시하고 즉각적인 행동에 대한 충동에 굴

---

1 Michael Mandelbaum, *Mission Failure: America and the World in the Post-Cold War Era* (New York: Oxford University Preee, 2016), 144.

복할 것인지이다. 이것은 안전과 보안이 도덕 및 윤리와 양립할 수 있는지에 대한 질문을 제기한다. 나는 가능하다고 생각한다. 신기술, 새로운 적, 사회적 변화, 정치적 교착 상태와 기타 여러 도전과 같은 이 모든 복잡성에 직면하더라도 도덕적 나침반을 유지하고 방향을 유지할 방법을 찾는 것이 가능하다.

그러나 만일 미국이 급진적으로 신무기의 사용을 논의하고 금지하는 데에 훨씬 더 오랜 시간을 지연시키면, 미국인들은 이러한 시스템이 일단 통제 불능 상태가 되면 되돌릴 수 없다는 것을 알게 될 것이다. 여기서 이야기하는 것은 판타지와 공상과학 소설에 대해서가 아니다. 우리는 수십억 개의 장치에 있는 결함이 있거나 해독할 수 없는 소프트웨어, 폭력을 너무 쉽게 만드는 장거리 무기, 전투를 위해 길러진 군인, 알려지지 않고 제어할 수 없는 병원체로 인해 발생하는 실제 문제에 관해 이야기하고 있다. 내가 설명한 모든 고급 기술을 사용하는 군비 경쟁은 우리가 본 것과 다를 것이며 윤리적 의미는 두려운 것이다.

지금 당장은 대중이 전쟁이나 기술에 대해 건전한 판단을 내리거나 잠재적인 미래를 이해하는 데 필요한 지식을 갖고 있다고 생각하지 않는다. 우리는 앞으로 나아갈 길에 대한 광범위한 국가적 토론을 통해 현상을 — 필사적으로 — 바꿀 필요가 있다. 그 논쟁은 군대에게만 맡겨 둘 수 없다. 그렇게 하는 것은 불공정하고 현명하지 못하다.

군대는 국가와 국가 이익의 안전과 안보에 매우 중요하다. 국민은 그들에게 많은 존경과 감사를 표한다. 그러나 미국인들의 남녀 전사들에 대한 구호성 애국심과 지지의 표정은 이제는 충분하지 않을 것이라는 점을 반복할 가치가 있다. 그것들은 매우 중요하기 때문에 대중은 미국의 군사적 이해관계가 무엇인지 그리고 결정적으로, 미군이 싸울 때 행동하는 방식을 알고 영향을 미치도록 적극적으로 토론하고 결정할 수 있고 또 결정해야 한다.

당면한 새로운 위협에도 불구하고 미국은 긴장을 완화하고 낭비적이고 위험한 군비 경쟁을 저지하는 데 지도력을 보여줄 기회가 있다. 기술과 세계 군사적 상황에서 변곡점은 모두 우리에게 미래를 재편성할 기회를 제공하거나 미래가 우리를 재편성하도록 할 것이다.

저자 감사의 말

이 책은 전쟁과 기술, 그리고 그것이 만들어 내는 윤리적 딜레마에 대해 몇 년 동안 생각하고, 말하고, 쓰고, 가르친 산물입니다. 물론 제가 항상 그 분야에 관심이 있거나 활동적이지는 않았습니다. 책을 내기까지 걱정이 되었지만, 제 견해를 형성하는 데 있어 노트르담 대학교의 라일리 과학, 기술 및 가치 센터에 있는 제 친구와 동료들의 적극적인 격려가 있었습니다. 그중 첫 번째는 이 책이 헌정된 고(故) 잭 라일리입니다. 잭은 이러한 중요한 주제를 공개적으로 논의하게 되어 매우 기뻐했습니다. 제가 빚을 진 다른 라일리 센터 동료로는 책임자 제리 멕켄니와 안잔 차카라바티가 있습니다. 내 친구이자 전 이사인 돈 하워드 교수는 저와 함께 협력했으며, 철학의 기본 이론을 가르쳐준 사람입니다. 대중의 인식을 높이기 위해 끊임없이 노력한 제시카 바론, 대학원생인 매튜 리, 찰스 펜스, 파블로 루이즈와 함께 수업을 진행했습니다. 그리고 킴벌리 밀루스키는 모두의 기억입니다. 저는 라일리 자문 위원회에서 함께 일하고 여러 기사를 발표한 패드릭 멕클로스키에게 특별한 빚을 지고 있습니다. 저는 이 책에 표현된 견해가 저 혼자만의 것이라는 점을 서둘러 덧붙입니다.

또한, 이전에 국립 과학아카데미에서 근무한 허브 린 박사의 지원에 깊은 감사를 드리며 저와 제 연구에 대한 많은 관심을 불러일으킨 컬럼비아 대학교의 사무엘 프리드만과 뉴욕 타임즈에도 깊은 감사를 드립니다.

인지 심리학 박사과정 학생인 제 딸 수잔 라티프는 항상 시간을 내서 나와 책을 주제로 토론하고 의견을 제시했습니다. 그리고 물론, 책을 개발하고 집필하는 긴 과정 동안 나를 지원하여 때로는 완전한 분리를 이해해 준 배우자인 데일 라티프에게 특별한 감사를 전합니다.

마지막으로, 피드백을 통해 글쓰기에 대해 많은 것을 가르쳐 주시고 저에게 무한한 인내심을 주신 크노프(Knopf)의 편집자인 조나단 시갈에게 무한한 감사를 드립니다.

역자 후기

이 책은 육군사관학교에서 생도들의 군사 교양 선택과목으로 개설된 군사학 세미나 과목의 교재로 사용된 영어 원서를 번역한 것이다.

이 책은 저자가 예비역 미 공군 소장으로서 본인이 현역 복무 기간 중의 보고 듣고 겪은 경험담을 중심으로 신기술과 무기, 윤리 문제, 군대와 사회 등 미래 전쟁의 여러 면을 살펴보는 개론서이다.

막연하게만 알고 있는 미래 신기술과 신무기의 개발 실태에 대한 생생한 현장감 있는 정보, 신기술과 무기들이 끼치게 될 여러 윤리적인 문제나 사회와 군대의 문제 등은 타산지석처럼 우리에게도 미래 전쟁 준비에 대한 여러 과제를 던져준다.

또한, 이 책은 일반인들에게도 미래 전쟁의 전반적인 문제에 대한 훌륭한 교양서적으로서 활용될 만한 가치가 있다고 생각된다.

역자 대표 신내호

저자 소개

로버트 H. 라티프 박사는 2006년 미 공군 소장으로 예편했다.

그는 노트르담 대학교의 겸임교수이자 조지 메이슨 대학교의 볼게노 공과대학의 정보공동체 프로그램의 책임자이다. 또한 그는 국가 과학, 공학, 의학 아카데미의 국제 안보와 무기 통제 및 정보공동체 위원회의 위원이다. 그는 현재 버지니아 알렉산드리아에 거주하고 있다.

참고문헌

서론

1. Qiao Liang and Wang Xiangsui, *Unrestricted Warfare,* Beijing: PLA Literature and Arts Publishing House, 1999, 121-131.

1장

1. Daniel Wirls, "Gridlock in Washington? Not When It Comes to Military Spending," *San Francisco Chronicle*, March 18, 2015.
2. T. X. Hammes, "The Future of Warfare: Small, Many, Smart vs. Few and Exquisite?," *War on the Rocks*, July 16, 2014.
3. Alexander Kott etc, *Visualizing the Tactical Ground Battlefield in the Year 2050: Workshop Report* (Adelphi, MD: 미 육군연구소, 2015).
4. Noah Shachtman and Robert Beckhusen, "11 Body Parts Defense Researchers Will Use to Track You," *Wired*, January 25, 2013.
5. Megan Eckstein), "COMSUBFOR Connor: Submarine Force Could Become the New A2/AD Threat," *U.S. Naval Institute News*, May 14, 2015.
6. Jeremiah Gertler, U.S. Unmanned Aerial Systems (Washington, DC: Congressional Research Service, 2012).
7. Organization for Economic Co-operation and Development, *The Security Economy* (Paris: OECD Publications, 2004).

8. Transparency Market Research, *Video Surveillance and VSaaS Market–Global Industry Analysis, Size, Share, Growth, Trends and Forecast, 2016–2024*, April 29, 2016.
9. Thomas Gibbons-Neff, "The New Type of War That Finally Has the Pentagon's Attention," *Washington Post*, July 3, 2015.
10. Robin Staffin, "Department of Defense Basic Research," Presentation to National Defense Industrial Association, June 19, 2013.
11. Earl Wyatt, "Prototyping: A Path to Agility, Innovation, and Affordability," Presentation to National Defense Industrial Association, March 24, 2015.
12. David Ignatius, "Arming Ourselves for the Next War," *Washington Post*, February 24, 2016.
13. M. G. Siegler and Eric Schmidt, "Every 2 Days We Create as Much Information as We Did Up to 2003," *Tech Crunch*, August 4, 2010.
14. Mark P. Mills, "Creepy Barbie? Brace Yourself for the Internet of Toys," Forbes, December 22, 2015.
15. Jon Hamilton, "Pentagon Shelves Blast Gauges Meant to Detect Battlefield Brain Injuries," NPR, December 20, 2016.
16. Cecilla Tilli, "Killer Robots? Lost Jobs? The Threats That Artificial Intelligence Researchers Actually Worry About," *Slate*, April 28, 2016.
17. Michael B. Kelley, "CIA Chief Tech Officer: Big Data Is the Future and We Own It," *Business Insider*, March 21, 2013.
18. James Waldo, Herbert Lin, and Lynette I. Millett, *Engaging Privacy and Information Technology in a Digital Age* (Washington, DC: National Academies Press, 2007), 349-65.
19. Royal Society, "Call for Views: Synthetic Biology," June 2007, 20.
20. Office of Technical Intelligence, *Technical Assessment: Synthetic*

Biology (Washington, DC: Department of Defense, January 2015).

21. Kathryn Ziden, "The Dark Side of CRISPR," Potomac Institute for Policy Studies Center for Revolutionary Scientific Thought, September 20, 2016.
22. Mark Shwartz, "Biological Warfare Emerges as 21st-Century Threat," Stanford report, January 11, 2001.
23. Douglas R.Lewis, "An Era of Hopes and Fears," *Strategic Studies Quarterly* 10, no. 3 (2016): 23-46.
24. John P. Geiss Ⅱ and Theodore C. Hailes, "Deterring Emergent Technologies," *Strategic Studies Quarterly* 10, no. 3 (2016): 47-73.
25. Michael Specter, "A Life of Its Own: Where Will Synthetic Biology Lead Us?," *The New Yorker*, September 28, 2009.
26. Robbin A. Miranda et al. "DARPA-Funded Efforts in the Development of Novel Brain-Computer Interface Technologies," *Journal of Neuroscience Methods* 244 (2015): 52-67.
27. Susan Young Rojhan, "Rats Communicate Through Brain Chips," *MIT Technology Review*, February 28, 2013.
28. Andrea Stocco et al. "Playing 20 Questions with the Mind: Collaborative Problem Solving by Humans Using a Brain-to-Brain Interface," *PloS One* 10, no. 9, 2015.
29. Sydney J. Freedberg Jr. "Will Us Pursue 'Enhanced Human Ops?' DepSecDef Wonders," *Breaking Defense*, December 14, 2015.
30. Jonathan Moreno, "DARPA on Your Mind," *Neuroethics Publications* (2004): 30.
31. Karl Marlantes, *What It Is Like to Go to War* (New York: Atlantic Monthly Press, 2011), 232.
32. Thomas K. Adams, "Future Warfare and the Decline of Human Decisionmaking," *Parameters* 31, no. 4 (2001): 57.

33. Department of the Army, *Mental Health Advisory Team (MHAT) IV: Operation Iraqi Freedom 05–07*, U.S. Army Surgeon General's Office, November 16, 2006.
34. Ronald C. Arkin, "Governing Lethal Behavior: Embedding Ethics in a Hybrid Deliberative/Reactive Robot Architecture", Atlanta: Georgia Tech University, 2007.
35. Stephen Goose, "The Case for Banning Killer Robots," Human Right Watch, November 24, 2015.
36. Kenneth Anderson and Matthew Waxman, "Law and Ethics for Autonomous Weapon Systems: Why a Ban Won't Work and How the Laws of War Can," Hoover Institution, Stanford University.
37. Department of Defense Directive 3000.09, Autonomy in Weapon Systems, November 21, 2012.
38. Eric Beidel, Sandra I. Erwin, and Stew Magnuson, "10 Technologies the U.S. Military Will Need for the Next War," *National Defense*, November 2011.
39. "Iran Air Flight 655," World eBook Library, http://www.ebooklibrary.org/articles/Iran_Air_Flight_655.
40. Nancy C. Roberts, *Reconstructing Combat Decisions: Reflections on the Shootdown of Flight 655* (Monterey, CA: Naval Postgraduate School, October 1992).
41. Phillip Swarts, "Air Force Looking at Autonomous Systems to Aid War Fighters," *Air Force Times*, May 17, 2016.
42. John Keller, "DARPA Rounds Out Gremlins Program with Four Companies to Create Overwhelming Drone Swarms," *Military and Aerospace Electronics*, may 10, 2016.
43. Robert D. Mulcahy Jr., "Corona Star Catchers", Washington, DC: Center for the Study of national Reconnaissance, June 2012.

44. Paul Scharre and Shawn Brimley, "20YY: The Future of Warfare," *War on the Rocks*, January 29, 2014.
45. Bryan Bender, "The Secret U.S. Army Study That Targets Moscow," *Politico*, April 14, 2016.
46. Daniel Sukman, "Lethal Autonomous Systems and the Future of Warfare," *Canadian Military Journal* 16, n0. 1 (Winter 2015): 44-53.
47. Kim Zetter, "Feds Say That Banned Researcher Commandeered a Plane," *Wired*, May 15, 2015.
48. Joseph Bergermarch, "A Dam, Small and Unsung, Is Caught Up in an Iranian Hacking Case," *The New York Times*, March 25, 2016.
49. Patrick Tucker, "NSA Chief: Rules of War Apply to Cyberwar Too," Defense One, April 20, 2015.
50. Sandra Jontz, "Cyber Ethics Vex Online Warfighters," *Signal*, January 1, 2016.
51. George I. Seffers, "CHAMP Prepares for Future Fights," *Signal*, February 1, 2016.
52. Stewart Brand, "Is Technology Moving Too Fast?," *Time*, June 19, 2000.
53. Samuel Arbesman, "It's Complicated," *Aeon*, January 6, 2014.

2장

1. Colin Schulz, "Globally, Deaths from War and Murder Are in Decline," *Smithsonian*, March 21, 2014.
2. Philip Kapusta, "Gray Zone," *Special Warfare* 28, no. 4 (October-December 2015): 18-25.
3. Brenda J. Buchanan, ed. "Editor's Introduction," in *Gunpowder, Explosives, and the State: A Technological History* (New York: Routledge, 2006).

4. "Punctuated Equilibrium", Evolution Library, PBS.
5. Mulcahy, *Corona Star Catchers.*
6. Rick Lober, "Why the Military Needs Commercial Satellite technology", Defense One, September 25, 2013.
7. Nancy Kaplan, "Postman", *Computer–Mediated Communication* 2, no. 3 (March 1, 1995): 23.
8. James A. Hijiya, "The Gita of J. Robert Oppenheimer", *Proceedings of the American Philosophical Society* 144, no. 2 (June 2000): 123-67.
9. John Dickerson, "A Marine General at War", *Slate*, April 22, 2010.
10. Tara Parker-Pope, "An Ugly Toll of technology: Impatience and Forgetfulness", *The New York Times*, June 6, 2010.
11. Joseph Cirincione, "Brief History of Ballistic Missile Defense and Current Programs in the United States", Testimony, Carnegie Endowment for International Peace, February 1, 2000.
12. Laurence Zuckerman, "Satellite Failure Is Rare, and Therfore Unsettling", *The New York Times*, May 21, 1998.
13. "Friendly Fire Kills Three US Soldiers", *Guardian*, December 5, 2001.
14. Michael Enright, "The Looming Crisis of Antibiotic Resistance", *The Sunday Edition*, CBC Radio, August 30, 2015.
15. Jacque Wilson and Jen Christensen, "7 Other Chemicals in Your Food", CNN, February 10, 2014.
16. Susan Greenfield, "Modern Technology Is Changing the Way We Think", *Daily Mail*, December 30, 2015.
17. Lauren Carroll, "Obama:US Spends More on Military Than 8 Nations Combined", *Politifact*, January 13, 2016.
18. Hams M. Kristensen, "LRSO: The Nuclear Cruise Missile Mission", Federation of American Scientists, October 20, 2015.

19. Howard Zinn, "Robber Barons and Rebels", chapter 11 in *History Is a Weapon: A People's History of the United States* (New York: harperCollins, 1980).
20. James Risen, "Despite Alert, Flawed Wiring Still Kills G.I.'s", *The New York Times*, May 4, 2008.
21. Richard Clough, "U.S. Defense Industry's Profits Soaring Along with Global Tensions", Bloomberg News, September 25, 2014.
22. Jeremy Bender, Armin Rosen, and Skye Gould, "This Map Shows Why the F-35 Has Turned Into a Trillion-Dollar Fiasco", *Business Insider*, August 20, 2014.
23. Directorate of Operational Test and Evaluation, "Joint Strike Fighter (JDSF)", *FY 2015 DOD Programs*, Washington, DC: Department of Defense, 2015.
24. James Fallows, "The Tragedy of the American Military", *The Atlantic*, January-February 2015.
25. "International Arms Transfers", Stockholm International Peace Research Institute.
26. John O. Brennan, "The Ethics and Efficacy of the President's Counterterrorism Strategy", remarks at the Wilson Center, April 30, 2012.
27. Bart Jansen, "Report Confirms MH17 Shot Down-But Why?", *USA Today*, October 14, 2015.
28. David Sterman, "Will We Still Call It War?", *Time*, March 9, 2015.

3장

1. Peter Marin, "Living in Moral Pain", *Psychology Today*, November 1981.
2. George R. Lucas, *Military Ethics: What Everyone Needs to Know* (New

York: Oxford University Press, 2016), 17.

3. Michael Walzer, *Just and Unjust Wars: A Moral Argument with Historical Illustrations* (New York: Basic Books, 2015).
4. Maggie Puniewska, "Healing a Wounded Sense of Morality", *The Atlantic*, July 3, 2015.
5. Nicholas D. Kristof, "Unmasking Horror-A Special Report.: Japan Confronting Gruesome War Atrocity", *The New York Times*, March 17, 1995.
6. Robert Sparrow, "War Without Virtue?", in *Killing by remote Control: The Ethics of an Unmanned Military*, ed. Bradley Jay Strawser (New York: Oxford University Press, 2013), 84-105.
7. Robert H. Latiff and Don Howard, *Ethical, Legal, and Societal Implications of New Weapons Technologies: A Briefing Book for Presenters* (Washington, DC: National Academy of Sciences, 2015).
8. Hugo Grotius, *The Rights of War and Peace, Including the Law of nature and of Nations, Translated from the Original Latin of Grotius, with Notes and Illustrations from Political and Legal Writers, by A. C. Campbell, A. M. with an Introduction by David J. Hill* (New York: M. Walter Dunne, 1901), accessed online on May 17, 2016.
9. Latiff and Howard, *Ethical, Legal, and Societal Implications of New Weapons Technologies.*
10. Paul Finkelman, "Francis Lieber and the Modern Law of War" (reviewing John Fabian Witt, *Lincoln's Code: The Laws of War in American History*), University of Chicago Law review 80, no. 4 (September 2013): 2017-132.
11. Paul berg, "Meeting That Changed the World: Asilomar 1975: DNA Modification Secured", *Nature* 455 (September 2008): 290-91.
12. Richard Abels, "Medieval Chivalry", United States Naval Academy.

13. Johan Huizinga, *The Waning of the Middle Ages* (Mineola, NY: Dover Publications, 1999; originally published in 1919), 56-65.
14. Theodor Meron, "International Humanitarian Law from Agincourt to Rome", *International Law Studies Across the Spectrum of Conflict* 75, 2000.
15. Theodor Meron, *Bloody Constraint: War and Chivalry in Shakespeare* (New York: Oxford University Press, 1998), 118.
16. Seymour Hersh, "Lieutenant Accused of Murdering 109 Civilians", *St. Louis Post–Dispatch*, November 13, 1969. See also Tom Ricks, *The Generals: American Military Command from World War Ⅱ to Today* (New York: Penguin, 2012).
17. Michael Sherry, *The Rise of American Air Power: The Creation of Armageddon* (New Haven, CT: Yale University Press, 1989), 287.
18. Seymour Hersh, "Overwhelming Force: What Happened in the Final Days of the Gulf War?", *The New Yorker*, May 15, 2000.
19. Sara Wood, "Gen. Petraeus Urges Troops to Adhere to Ethical Standards", American Forces Press Service, May 14, 2007.
20. Ralph Peters, "A Revolution in Military Ethics?", *Parameters* 26, no. 2 (1996): 102.
21. Walzer, *Just and Unjust Wars*, 45.
22. Michael Ignatieff, "Reimaging a Global Ethics", *Ethics and International Affairs*, Carnegie Council, April 1, 2012.
23. William R. Bray, "Man Versus Machine", *Signal*, December 1, 2016.
24. Mary McCarthy and Simone Weil, "The Illiad, or the Poem of Force", *Chicago Review* 18, no. 2 (1965): 5-30.
25. Adams, "Future Warfare and the Decline of Human Decisionmaking".
26. Arnold Toynbee, "Why I Dislike Western Civilization", *The New York Times,* May 10, 1964.

27. Chris Baraniuk, "World War R: Rise of the Killer Robots", New Scientist, November 15, 2014.
28. Robert H. Latiff and Patrick J. McCloskey, "With Drone Warfare, America Approaches the Robo-Rubicon", The Wall Street Journal, March 14, 2013.
29. Janine Davidson, "The Warrior Ethos at Risk: H. R. Ma Master's Remarkable Veterans Day Speech", *Defense in Depth* blog, Council on Foreign Relations, November 18, 2014.
30. Wendell Wallach, *A Dangerous Master: How to Keep Technology from Slipping Beyond Our Control* (New York: basic Books, 2014).
31. Jean-Lou Chameau, William F. Ballhaus, and Herbert S. Lin, *Emerging and Readily Available Technologies and National Security: A Framework for Addressing Ethical, Legal, and Societal Issues* (Washington, DC: National Academies Press, 2014).
32. Baruch Fischhoff, "Ethical and Social Issues in Military Research and Development", *Telos* 169 (2014):150-54.

4장

1. Wallach, *A dangerous Master*, 60.
2. Christopher Coker, *Ethics and War in the 21st Century* (London: Routledge, 2008), 156.
3. MacGregor Knox and Williamson Murray, eds. *The Dynamics of Military Revolution, 1300–2050* (New York: Cambridge University Press, 2001), 190.
4. Walter Isaacson, "Madeleine's War", *Time*, May 17, 1999.
5. James Mann, *Rise of the Vulcans: The History of Bush's War Cabinet* (New York: Penguin, 2004), xii.
6. Charles Krauthammer, "How Fast Things Change", Townhall,

November 30, 2001.

7. Michael Ignatieff, *Virtual War: Kosovo and Beyond* (New York: Picador, 2000), 215.
8. Alistair Horne, *Hubris: The Tragedy of War in the twentieth Century* (New York: HarperCollins, 2015).
9. Derek Bacon, “Yes, I’d Lie to You”, *The Economist*, September 10, 2016.
10. Jim Gourley, "Welcome to Spartanburg!: The Dangers of This Growing American Military Obsession”, *Foreign Policy*, April 22, 2014.
11. Frank Newport, “Military veterans of All Ages Tend to Be More Republican”, Gallup, May 25, 2009.
12. Carl Forsling, “If You Call All Veterans Heroes, You’re Getting It Wrong”, *Task and Purpose*, August 5, 2014.
13. William J. Astore, “Every Soldier a Hero? Hardly”, *Los Angeles Times*, July 22, 2010.
14. Ray Williams, “The Cult of Ignorance in the U.S.: Anti-Intellectualism and the ‘Dumbing Down’ of America”, Progreso Weekly, May 29, 2016.
15. Olga Khazan, “U.S. Healthcare: Most Expensive and Worst Performing”, *The Atlantic*, June 16, 2014.
16. Russell Berman, “The Real Language Crisis”, American Association of University Professors, September-October 2011.
17. Thucydides, *History of the Peloponnesian War,* Rex Warner 번역 (New York: Penguin, 1972), 213.
18. J. Peter Scoblic, “Presidents Need to Be Able to Do Nothing”, *Washington Post*, July 15, 2016.
19. William Manchester, A World Lit Only by Fire: The Medieval Mind

and the Renaissance; Portrait of an Age (New York: Back Bay Books, 1992).

20. Williams, "The Cult of Ignorance in the U.S.".

21. Susan Searls Giroux, "Between Race and Reason: Anti-Intellectualism in American Life", *Truthout*, September 16, 2011.

22. Andrew J. Bacevich, The New American Militarism: How Americans Are Seduced by War (New York: Oxford University Press, 2013) 103.

23. Barbara Salazar Torreon, *Instances of Use of United States Armed Forces Abroad, 1798–2016* (Washington, DC: Congressional Research Service, October 2016).

24. Jennifer Rizzo, "Veterans in Congress at Lowest Level Since World War Ⅱ", CNN, January 21, 2011.

25. "War and Sacrifice in the Post-9/11 Era", Pew Research Center, October 5, 2011.

26. Patrick J. Murphy, "A Soldier Reflects: Those Who Had the Least to Lose Sent Us to War", MSNBC, March 16, 2013.

27. Bill Briggs, "I Risked My Life, for What?: Iraq War Veterans Chilled by Country's Slide into Civil War", NBC News, July 25, 2013.

28. "War and Sacrifice in the Post-9/11 Era".

29. Asma KHalid, "Millennials Want to Send Troops to Fight ISIS, but Don't Want to Serve", NPR, December 10, 2015.

30. Jeremy Bender, "These 22 Charts Reveal Who Serves in America's Military", *Business Insider*, August 14, 2014.

31. Karl W. Eikenberry and David M. Kennedy, "Americans and Their Military, Drifting Apart", T*he New York Times*, May 26, 2013.

32. Fallows, "The Tradegy of the American Military".

33. Gourley, "Welcome to Spartanburg!".

5장

1. See, for example, Rosa Brooks, *How Everything Became War and the Military Became Everything* (New York: Simon & Schuster, 2016); Rachel Maddow, *Drift: The Unmooring of American Military Power* (New York: Broadway Books, 2012); and Andrew J. Bacevich, *The New American Militarism: How Americans Are Seduced by War* (New York: Oxford University Press, 2013).
2. Robert McMahon, "Balance of War Powers: The U.S. President and Congress", CFR Backgrounders, Council on Foreign Relations, June 20, 2011.
3. Conor Friedersdorf, "The Congress Shall Have the Power…. to Declare War", The Atlantic, August 27, 2014.
4. Emerson Brooking and Janine Davidson, "How the Overseas Contingency Operations Fund Works-and Why Congress Wants to Make It Bigger", Defense in Depth blog, Council on Foreign Relations, June 16, 2015.
5. Chris Ed*wards and Nicole Kaeding, "Federal Government Cost Overruns",* Tax and Budget Bulletin 72, Washington, DC: Cato Institute, September 2015.
6. Sandra I. Irwin, "Weapon Cost Overruns: From Bad to Worse", *National Defense*, January 2009.
7. Dana Priest and William Arkin, "Top Secret America", *The Washington Post*, July 20, 2010.
8. David Lerman, "Fiscal Follies", *CQ Budget News*, October 6, 2016.
9. Fallows, "The Tragedy of the American Military".
10. Jason Mangone, "National Service Is the Proper Response to National Emergency", *Huffington Post*, September 11, 2014.
11. Eric Navarro, "Could One Year of Mandatory National Service This

Country?" *Task and Purpose*, June 9, 2014.

결론

1. Michael Mandelbaum, *Mission Failure: America and the World in the Post–Cold War Era* (New York: Oxford University Preee, 2016), 144.

단어별 찾아보기

주제별 찾아보기

FUTURE WAR
– preparing for the new global battlefield –
by Robert H. Latiff

Copyright ⓒ 2017 by Robert H. Latiff

All rights reserved including the right of reproduction in whole or in part in any form.
This Korean edition was published by GYOMOON PUBLISHERS in 2021 by arrangement with Alfred A. Knopf, an imprint of The Knopf Doubleday Group, a division of Penguin Random House, LLC through KCC(Korea Copyright Center Inc.), Seoul.

이 책은 ㈜한국저작권센터(KCC)를 통한 저작권자와의 독점계약으로 교문사에서 출간되었습니다. 저작권법에 의하여 한국 내에서 보호를 받는 저작물이므로 무단전재와 무단복제를 금합니다.

책을 만든 사람들

지은이

Robert H. Latiff

옮긴이

신내호

육군사관학교 물리화학과 교수

이호찬

육군사관학교 물리화학과 교수

LATIFF

미래전쟁의 본질과 과제

2021년 12월 30일 1판 1쇄 펴냄

지은이 Robert H. Latiff | **옮긴이** 신내호 · 이호찬

펴낸이 류원식 | **펴낸곳** **교문사**

편집팀장 김경수 | **표지디자인** 신나리 | **본문편집** 홍익m&b

주소 (10881) 경기도 파주시 문발로 116(문발동 536-2)

전화 031-955-6111~4 | **팩스** 031-955-0955

등록 1968. 10. 28. 제406-2006-000035호

홈페이지 www.gyomoon.com | **E-mail** genie@gyomoon.com

ISBN 978-89-363-2304-2 (93550)

값 25,000원

* 잘못된 책은 바꿔 드립니다.

* 불법복사는 지적재산을 훔치는 범죄행위입니다.